铁路职业教育铁道部规划教材

金属工艺学

王英杰　主　编

王美玉　副主编

郭晓平　主　审

中国铁道出版社有限公司

2024年·北京

内 容 简 介

　　全书共十章,主要阐述金属材料及加工过程简介,金属材料基础知识,钢材热处理,钢材的牌号及应用,铸铁的牌号及应用,非铁金属及其合金,金属铸造成形,金属锻压成形,金属焊接成形,金属切削加工基础等内容。

　　本书具有以下特点:第一,充实新知识、新工艺、新技术,简化过多的理论介绍;第二,突出职业教育特点,注重学生实践技能和综合应用能力的培养;第三,文字叙述精炼,通俗易懂,提纲挈领,图解形象直观;第四,每章配备了思考题,帮助学生复习和巩固所学内容。

　　本书主要面向职业教育的工科学生。可作为职业院校机械相关专业的教材,还可作为职工培训及技工学校用教材。

图书在版编目(CIP)数据

金属工艺学/王英杰主编. —北京:中国铁道出版社,2007.8(2024.7 重印)
铁路职业教育铁道部规划教材
ISBN 978-7-113-08168-3

Ⅰ. 金…　Ⅱ. 王…　Ⅲ. 金属加工—工艺学—职业教育—教材　Ⅳ. TG

中国版本图书馆 CIP 数据核字(2007)第 112221 号

书　　名:金属工艺学
作　　者:王英杰　主编

责任编辑:程东海　　　　电话:(010) 51873135
封面设计:陈东山
责任校对:汤淑梅
责任印制:金洪泽

出版发行:中国铁道出版社有限公司 (100054,北京市西城区右安门西街 8 号)
网　　址:http://www.tdpress.com
印　　刷:河北燕山印务有限公司
版　　次:2007 年 8 月第 1 版　2024 年 7 月第 6 次印刷
开　　本:787 mm×1 092 mm　1/16　印张:11.75　字数:287 千
书　　号:ISBN 978-7-113-08168-3
定　　价:37.00 元

重 印 说 明

　　《金属工艺学》于 2007 年 8 月在我社出版,得到了用书院校的支持和厚爱,多次重印。本次重印作者在第 5 次印刷的基础上,对接金属材料新技术和新规章,对相关内容进行了更新和完善,以确保教材内容的适宜性和时效性。主要修订情况如下:

　　1. 对第二章的〈第一节 金属材料的性能〉进行了修订,规范了金属材料力学性能试验涉及的相关名称术语等。

　　2. 对第五章的〈第二节 常用铸铁〉进行了修订,对常用铸铁的牌号、力学性能作了更新。

　　3. 对第六章的〈第一节 铝及铝合金〉〈第二节 铜及铜合金〉中的力学性能试验术语作了更新。

中国铁道出版社有限公司

2024 年 7 月

前　言

　　针对目前职业技术教育缺少合适的《金属工艺学》教材状况，参照教育部颁发的职业学校金属工艺学教学大纲(试行)，我们组织编写了本教材。

　　知识经济和信息时代迫切需要具有综合素质高、实践能力强和创新能力突出的职业技术人才。突出能力教育必须以人的素质与能力为基础和核心，强调重视学习和掌握获取知识的方法，学会运用知识进行创造性的思考和实践，学会把知识有效地转化为素质和能力。对于职业教育要加强基础的认知学习，使学生有更大的柔性。"柔性"就是给予每个在校学生更大的发展空间和深层的受教育机会和能力，能够适应今后的工作需求和岗位变换。

　　本教材的教学目标是：

　　(1)介绍金属材料的生产、性能、牌号及应用方面的知识。

　　(2)介绍金属零件的各种成形加工方法和工艺特点，并初步具有选择毛坯和编制零件成形工艺规程的能力。

　　(3)介绍各种主要成形加工方法所用设备(或工具)，引导学生掌握一些主要设备(或工具)的基本操作方法。

　　(4)培养综合应用能力，引导学生学会应用所学理论知识解决一些实际问题，初步使学生建立一定的解决实际问题的感性经验。

　　(5)造就研究型学习环境，引导学生深入现场，相互交流和研讨。

　　(6)培养数字素养，引导学生善于利用现代信息技术拓宽知识面。

　　新编《金属工艺学》在内容上尽量做到布局合理；在文字介绍方面做到通俗易懂、形象生动；在内容组织上注意逻辑性、系统性和层次分明，突出实践性；在时代性上尽量反映新技术、新材料、新工艺和新设备，使师生的认识在一定层次上跟上现代科技的发展。每章配有便于组卷的思考题，供学生复习和巩固所学基础知识。

　　本书主编：王英杰；副主编：王美玉。全书由王英杰拟定编写提纲和统稿。

　　绪论、第一章至第四章由王英杰编写；第五章由同金叶编写；第六章由王中才编写；第七章由陆俊华编写；第八章由石爱军编写；第九章由王美玉编写；第十章由孙曼曼编写。

　　本书由郭晓平主审；最后由《金属工艺学》教材编写组审定通过。

　　由于编写时间及编者水平有限，书中难免有错误和不妥之处，恳请广大读者批评指正。同时，本书在编写过程中参考了大量的文献资料，在此向文献资料的作者致以诚挚的谢意。

《金属工艺学》编写组
2007 年 6 月

目　录

绪　论 ··· 1
第一章　金属材料及加工过程简介 ····················· 3
　第一节　金属材料的分类 ··························· 3
　第二节　钢铁材料生产过程简介 ··················· 4
　第三节　机械产品制造过程简介 ··················· 6
　思考题 ··· 8
第二章　金属材料基础知识 ··························· 9
　第一节　金属材料的性能 ··························· 9
　第二节　金属材料晶体结构 ······················· 19
　第三节　纯金属的结晶过程 ······················· 22
　第四节　金属材料的同素异构转变 ················· 23
　第五节　合金的相结构 ··························· 24
　第六节　合金结晶过程 ··························· 25
　第七节　金属材料铸锭组织特征 ··················· 26
　第八节　铁碳合金的基本组织 ····················· 27
　第九节　铁碳合金相图 ··························· 30
　思考题 ··· 33
第三章　钢材热处理 ······························· 37
　第一节　钢在加热时的组织转变 ··················· 37
　第二节　钢在冷却时的组织转变 ··················· 39
　第三节　退火与正火 ····························· 40
　第四节　淬　火 ································· 42
　第五节　回　火 ································· 43
　第六节　表面热处理与化学热处理 ················· 45
　思考题 ··· 47
第四章　钢材的牌号及应用 ··························· 50
　第一节　杂质元素对钢材性能的影响 ··············· 50
　第二节　非合金钢的分类、牌号及用途 ············· 51
　第三节　合金元素在钢中的作用 ··················· 57
　第四节　低合金钢和合金钢的分类与牌号 ··········· 58
　第五节　低合金钢 ······························· 61
　第六节　合　金　钢 ····························· 62

　　思考题 ……………………………………………………………………………………… 67

第五章　铸铁的牌号及应用 …………………………………………………………………… 71
　第一节　铸铁概述 ………………………………………………………………………… 71
　第二节　常用铸铁 ………………………………………………………………………… 72
　第三节　合金铸铁 ………………………………………………………………………… 77
　　思考题 ……………………………………………………………………………………… 78

第六章　非铁金属及其合金 …………………………………………………………………… 80
　第一节　铝及铝合金 ……………………………………………………………………… 80
　第二节　铜及铜合金 ……………………………………………………………………… 84
　第三节　钛及钛合金 ……………………………………………………………………… 89
　第四节　滑动轴承合金 …………………………………………………………………… 90
　第五节　硬质合金 ………………………………………………………………………… 92
　　思考题 ……………………………………………………………………………………… 93

第七章　金属铸造成形 ………………………………………………………………………… 96
　第一节　铸造成形概述 …………………………………………………………………… 96
　第二节　砂型铸造 ………………………………………………………………………… 97
　第三节　金属铸造性能 …………………………………………………………………… 104
　第四节　特种铸造简介 …………………………………………………………………… 107
　　思考题 ……………………………………………………………………………………… 109

第八章　金属锻压成形 ………………………………………………………………………… 111
　第一节　锻压成形概述 …………………………………………………………………… 111
　第二节　金属锻压加工基础知识 ………………………………………………………… 112
　第三节　金属锻造工艺 …………………………………………………………………… 116
　第四节　冲　　压 ………………………………………………………………………… 120
　　思考题 ……………………………………………………………………………………… 123

第九章　金属焊接成形 ………………………………………………………………………… 126
　第一节　焊接成形概述 …………………………………………………………………… 126
　第二节　焊条电弧焊 ……………………………………………………………………… 127
　第三节　气焊与气割 ……………………………………………………………………… 133
　第四节　其他焊接方法简介 ……………………………………………………………… 137
　第五节　常用金属材料的焊接 …………………………………………………………… 141
　　思考题 ……………………………………………………………………………………… 143

第十章　金属切削加工基础 …………………………………………………………………… 145
　第一节　切削加工运动分析及切削要素 ………………………………………………… 145
　第二节　切削刀具 ………………………………………………………………………… 147
　第三节　金属切削过程中的物理现象 …………………………………………………… 151
　第四节　金属切削机床的分类及编号 …………………………………………………… 154
　第五节　车床及车削加工 ………………………………………………………………… 155
　第六节　钻床及钻削加工、镗床及镗削加工 …………………………………………… 165
　第七节　刨床及刨削加工、插床及插削加工 …………………………………………… 167

第八节　铣床及铣削加工 ··· 170

第九节　磨床及磨削加工 ··· 172

思考题 ·· 176

参考文献 ··· 179

绪　　论

金属材料是人类社会发展重要的物质基础,人类利用金属材料制作了生产和生活用的工具、设备及设施,改善了人类生存的环境与空间,创造了丰富的物质文明和精神文明。科学家把金属材料比作现代工业的骨架。如果没有耐高温、高强度、高性能的钛合金等金属材料,就不可能有现代宇航工业的发展。同时,随着金属材料的广泛使用,地球上现有的金属矿产资源也越来越少。据估计,铁、铝、铜、锌、银等几种主要金属的储量,只能再开采 $100\sim300$ 年。怎么办呢? 一是向地壳的深部要金属;二是向海洋要金属;三是节约金属材料,寻找它的代用品。目前,世界各国都在积极采取措施,不断改进现有金属材料的加工工艺,提高其性能,充分发挥其潜力,从而达到节约金属材料的目的,如轻体汽车的设计,就是利用高强度钢材,达到减轻汽车自重、节约金属材料和省油目的的。

回顾历史,我国在金属材料及其成形加工方面具有辉煌的一页。我国曾是世界上使用和加工金属材料最早的国家之一。我国使用和加工铜的历史约有 4 000 多年,大量出土的青铜器,说明在商代(公元前 1600~1046 年)就有了高度发达的青铜加工技术。例如,河南安阳出土的司母戊大方鼎,体积庞大,花纹精巧、造型精美,达 875 kg,属商殷祭器。要制造这么庞大的精美青铜器,需要经过雕塑、制造模样与铸型、冶炼等工序,可以说司母戊大方鼎是雕塑艺术与金属冶炼技术的完美结合。同时,在当时的条件下要浇涛这样庞大的金属器物,如果没有大规模的劳动分工组织、精湛的雕塑艺术及铸造成形技术,是不可能完美地制造成功的。

早在公元前 6 世纪即春秋末期,我国就已出现了人工冶炼的铁器,比欧洲出现生铁早1 900 多年,如 1953 年在河北兴隆地区发掘出的用来铸造农具的铁模子,说明铁制农具已大量地应用于农业生产中。同时,我国古代还创造了三种炼钢方法:第一种是从矿石中直接炼出的自然钢,用这种钢制作的刀剑在东方各国享有盛誉,后来在东汉时期传入欧洲;第二种是西汉期间经过"百次"冶炼锻打的百炼钢;第三种是南北朝时期的灌钢,即先炼铁,后炼钢的两步炼钢技术,这种炼钢技术我国比其他国家早 1 600 多年,直到明朝之前的 2 000 多年间,我国在钢铁生产技术方面一直是遥遥领先于世界。

1965 年在湖北省出土的越王勾践青铜剑,虽然在地下深埋了 2 400 多年,但是这把剑在出土时却没有一点锈斑,完好如初,而且刃口磨制得非常精细,说明当时已掌握了金属冶炼、锻造成形、热处理及防腐蚀技术。

在唐朝(约公元 7 世纪)时期,我国已应用锡焊和银焊技术,而此项技术欧洲直到公元 17世纪才出现。

根据文字记载,公元 1668 年我国已使用直径 6.6 m 的镶片铣刀,该铣刀由牲畜带动旋转,用来加工天文仪上的铜环。

明朝宋应星所著《天工开物》一书中详细记载了古代冶铁、炼钢、铸钟、锻铁、淬火等多种金属材料的加工方法。书中介绍的锉刀、针等工具的制造过程与现代几乎一致,可以说《天工开物》是世界上阐述有关金属成形加工工艺内容最早的科学著作之一。

新中国成立后,我国在金属材料及其加工工艺理论研究方面有了突飞猛进的发展。2023

年钢材产量 136 268 万吨,仍然为国际钢铁市场上举足轻重的"第一力量",有利地推动了我国机械制造、矿山冶金、交通运输、石油化工、电子仪表、航天航空等现代化工业的发展。同时,原子弹、氢弹、导弹、人造地球卫星、载人火箭、超导材料、纳米材料等重大项目的研究与试验成功,都标志着我国在金属材料及其成形加工工艺方面达到了新水平。

历史充分说明,我国在金属材料及其加工工艺方面取得了辉煌的成就,为人类文明做出了巨大的贡献。

随着现代科学技术的发展,金属材料及其加工工艺也出现了日新月异的发展。例如,激光技术与计算机技术在机械零件加工过程中的应用,使得机械零件加工设备不断创新,零件的加工质量和效率不断提高,如计算机辅助设计(CAD)、计算机辅助制造(CAM)、柔性制造单元(FMC)、柔性制造系统(FMS)、计算机集成制造系统(CIMS)和生产管理信息系统(MIS)的综合应用,突破了传统的金属材料加工方法,提高了金属材料加工工艺水平,提高了机械产品的使用性能。

同时,金属材料加工工艺水平的高低,在某种程度上代表着一个国家的机械制造水平,与国民经济的快速发展有着密切的关系。但是,目前我国与发达国家相比,在金属材料加工工艺方面还有一定的差距,非常需要我们深入地研究有关金属材料加工工艺理论,不断地学习和掌握新技术、新工艺、新设备和新材料,为国家的现代化建设做贡献。

《金属工艺学》在内容编写方面注重通俗易懂,在教学方法上注重对学生进行启发和引导,培养学生的自学能力。同学们在学习本课程时,要多联系自己在金属材料加工工艺方面的感性认识和生活经验,多讨论、多交流、多分析和多研究,特别是在实习中要勤于观察,勤于实践,做到理论联系实际,这样才能更好地掌握教材中的基础知识,做到全面发展。

第一章
金属材料及加工过程简介

金属材料在物理性能、化学性能、力学性能及工艺性能等方面具有优越的性能,广泛地应用机械制造、工程建设、交通、石油化工、农业、国防等领域,了解金属材料的分类、性能以及加工过程具有重要意义。

第一节　金属材料的分类

一、金属材料的基本概念

金属材料是由金属元素或以金属元素为主要材料构成的,并具有金属特性的工程材料。它包括纯金属和合金两类。纯金属在工业生产中虽然具有一定的用途,但是,由于它的强度、硬度一般都较低,而且冶炼技术复杂,价格较高,因此在使用上受到很大的限制。目前在工农业生产、建筑、国防建设中广泛使用的是合金状态的金属材料。

合金是指两种或两种以上的金属元素或金属与非金属元素组成的金属材料,如普通黄铜是由铜和锌两种金属元素组成的合金,碳素钢是由铁和碳组成的合金。与组成合金的纯金属相比,合金除具有较好的力学性能外,还可以通过调整组成元素之间的比例,获得一系列性能各不相同的合金,从而满足工农业生产、建筑及国防建设上不同的性能要求。

二、金属材料的分类

金属材料分为钢铁材料(或称黑色金属)和非铁金属(或称有色金属)两大类,如图 1-1 所示。

(1)钢铁材料。以铁或以它为主形成的金属材料,称为钢铁材料,如钢和生铁。

(2)非铁金属。除钢铁材料以外的其他金属,都称为非铁金属,如金、银、铜、铝、镁、钛、锌、锡、铅等。

除此之外,在国民经济建设中,还出现了许多新型的高性能金属材料,如高温合金、粉末冶金材料、非晶态金属材料、纳米金属材料、单晶合金以及新型的金属功能材料(永磁合金、形状记忆合金、超细金属隐身材料、超塑性金属)等。

图 1-1　金属材料分类

第二节　钢铁材料生产过程简介

一、钢铁材料生产过程简介

钢铁是铁和碳的合金。钢铁材料按碳的质量分数 $w(C)$（含碳量）大小进行分类，可以分为工业纯铁 $[w(C) < 0.0218\%]$；钢 $[w(C) = 0.0218\% \sim 2.11\%]$ 和生铁 $[w(C) > 2.11\%]$。

生铁由铁矿石经高炉冶炼后获得，它是炼钢和铸造成形的主要原材料。

钢材是以生铁为主要原料，将生铁装入高温炼钢炉里，通过氧化作用降低铁液中碳和杂质元素的质量分数，获得钢液，然后将钢液浇铸成铸锭，铸锭再经过热轧或冷轧后，最终制成各种

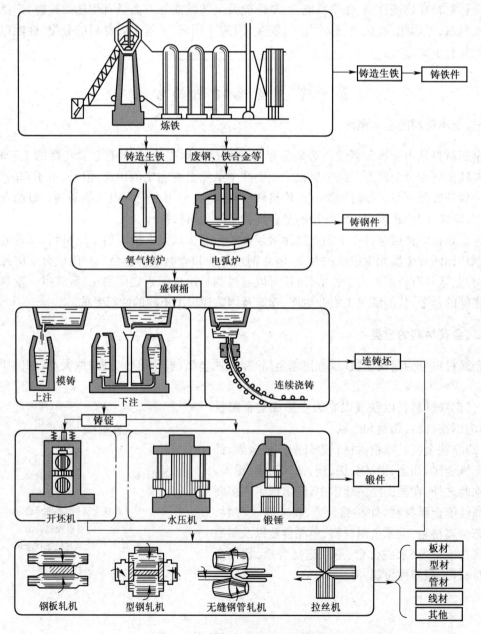

图 1-2　钢铁材料生产过程示意图

类型的钢材。图 1-2 为钢铁材料生产过程示意图。

二、炼　铁

铁的化学性质活泼,自然界中的铁,绝大多数是以含铁化合物形式存在的,如 Fe_3O_4、Fe_2O_3 等。含铁比较多并且具有冶炼价值的矿物,如赤铁矿、磁铁矿、菱铁矿、褐铁矿等称为铁矿石。铁矿石中除了含有铁的氧化物以外,还含有硅、锰、硫、磷等元素的氧化物杂质,这些杂物称为脉石。炼铁的实质就是从铁矿石中提取铁及其有用元素形成生铁的过程。现代钢铁工业炼铁的主要方法是高炉炼铁。高炉炼铁的炉料主要是铁矿石(Fe_3O_4)、燃料(焦炭)和熔剂(石灰石)。

焦炭作为炼铁的燃料,一方面为炼铁提供热量,另一方面焦炭在不完全燃烧时所产生的 CO,又作为使氧化铁和其他金属元素还原的还原剂。熔剂的作用是使铁矿石中的脉石和焦炭燃烧后的灰分转变成密度小、熔点低和流动性好的炉渣,并使之与铁水分离,常用的熔剂是石灰石($CaCO_3$)。

在炼铁时,将炼铁原料分批装入高炉中,在高温和压力的作用下,经过一系列的化学反应,可以将铁矿石还原成铁。经高炉冶炼出的铁不是纯铁,其中溶有碳、硅、锰、硫、磷等杂质元素,这种铁称为生铁。生铁是高炉冶炼的主要产品。根据不同的需要,生铁可分为两类:铸造生铁和炼钢生铁。

高炉炼铁产生的副产品是煤气和炉渣。炼铁高炉排出的炉气中含有大量的 CO、CH_4 和 H_2 等可燃性气体,具有很高的经济价值,可以回收利用。高炉炉渣的主要成分是 CaO 和 SiO_2,它们可以回收利用,生成水泥、渣棉和渣砖等建筑材料。

三、炼　钢

炼钢是以生铁(铁液或生铁锭)或废钢为主要原料,再加熔剂(石灰石、萤石)、氧化剂(O_2、铁矿石)和脱氧剂(铝、硅铁、锰铁)等进行冶炼。炼钢的主要任务是把生铁熔化成液体,或直接将铁液注入到高温的炼钢炉中,利用氧化作用将碳及其他杂质元素减少到规定的化学成分范围之内,获得需要的钢种。所以,用生铁炼钢,实质上是一个氧化过程。

1.炼钢方法

现代炼钢方法主要有氧气转炉炼钢法和电弧炉炼钢法。两种炼钢方法的热源及特点比较列于表 1-1 中。

表 1-1　氧气转炉炼钢法和电炉炼钢法的比较

炼钢方法	热　源	主要原料	主要生产特点	产　品
氧气转炉	氧化反应的化学热	生铁、废钢	冶炼速度快,生产率高,成本低。钢的品种较多,质量较好,适合于大量生产	碳素钢和低合金钢
电弧炉	电能	废钢	炉料通用性大,炉内气氛可以控制,脱氧良好,能冶炼难熔合金钢。钢的质量优良,品种多样	合金钢

2.钢液脱氧

钢液中过剩的氧气与铁生成氧化物,对钢的力学性能会产生不良的影响,因此,必须在浇注前对钢液进行脱氧。按钢液脱氧程度的不同,钢材可分为特殊镇静钢(TZ)、镇静钢(Z)、半镇静钢(b)和沸腾钢(F)。

镇静钢是脱氧完全的钢。钢液冶炼后期用锰铁、硅铁和铝块进行充分脱氧,钢液在钢锭模内平静地凝固。这类钢锭化学成分均匀,内部组织致密,质量较高。但钢锭头部容易形成的缩孔较深,轧制时需要切除,钢材浪费较大,如图 1-3(a)所示。

沸腾钢是指脱氧不完全的钢。钢液在冶炼后期仅用锰铁进行不充分脱氧。钢液浇入钢锭模后,钢液中的 FeO 和碳相互作用,使脱氧过程(FeO+C→Fe+CO↑)继续进行,生成的 CO 气体引起钢液产生沸腾现象。凝固时大部分气体逸出,少量气体被封闭在钢锭内部,从而形成许多小气泡,如图 1-3(c)所示。这类钢锭一般不产生缩孔,切头浪费小。但是,钢的化学成分不均匀,组织不够致密,质量较差。

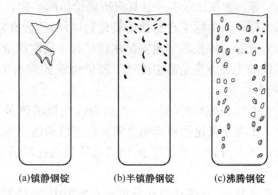

(a)镇静钢锭　(b)半镇静钢锭　(c)沸腾钢锭

图 1-3　镇静钢锭、半镇静钢锭和沸腾钢锭的剖面示意图

半镇静钢的脱氧程度和性能状况介于镇静钢和沸腾钢之间。特殊镇静钢脱氧质量优于镇静钢,其内部材质均匀,非金属夹杂物含量少,能满足特殊需要。

3.钢液浇注

钢液经脱氧后,除少数用来浇铸成铸钢件外,其余都浇铸成铸锭或连铸坯。铸锭一般用于轧钢或锻造大型锻件。连铸坯是采用连铸法生产的,连铸法由于生产率高,钢坯质量好,节约能源,生产成本低等优点,目前在钢铁企业得到广泛采用。

4.钢材类型

炼钢形成的钢锭经过轧制最终形成板材、管材、型材、丝材及其他类型钢材。

(1)板材。板材一般分为厚板和薄板。4～60 mm 为厚板,常用于造船、锅炉和压力容器;板材厚度在 4 mm 以下的为薄板,分为冷轧钢板和热轧钢板。薄板轧制后可直接交货或经过酸洗镀锌或镀锡后交货使用。

(2)管材。管材分为无缝钢管和有缝钢管两种。无缝钢管用于石油、锅炉等行业;有缝钢管是采用带钢焊接制成,用于制作煤气及自来水管道等。焊接的钢管生产率较高、成本低,但质量和性能与无缝钢管相比稍差些。

(3)型材。常用的型材有方钢、圆钢、扁钢、角钢、工字钢、槽钢、钢轨等。

(4)丝材。线材是用圆钢或方钢经过冷拔制成的。其中的高碳钢丝用于制作弹簧丝或钢丝绳,低碳钢丝用于捆绑或编织等。

(5)其他类型钢材。其他类型钢材主要是指要求具有特种形状与尺寸的异形钢材,如车轮轮箍、齿轮轮坯等。

第三节　机械产品制造过程简介

机械产品的制造过程一般分为机械产品设计、机械产品制造与机械产品使用三个阶段,如图 1-4 所示。

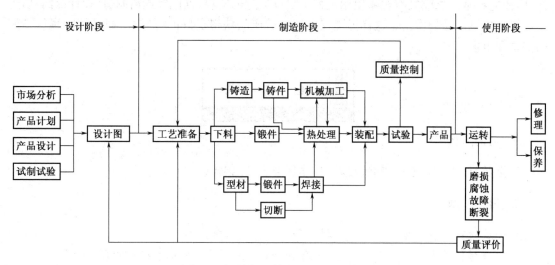

图 1-4 机械产品制造过程的三个阶段

1. 机械产品设计阶段

在机械产品设计阶段企业首先要从市场需求、产品性能、生产数量等方面出发,制定出机械产品的研制规划。首先进行产品总体设计,然后再进行部件设计,画出装配图和零件图。然后设计人员根据机械零件服役条件、性能及环境保护等要求,合理选择金属材料及加工方法,如在高温氧化性气氛环境中工作的受力零件,应选择耐热性高的耐热钢;如果零件的形状复杂,则应选择铸造成形。同时,不同的机械产品有不同的性能要求,如汽车必须满足动力性能、控制性能、操纵性能、安全性能、涂装性能,以及使用起来舒适、燃料消耗低、噪声小等要求。在满足了机械产品性能和成本要求的前提下,则由工艺部门编制成形加工工艺规程或工艺图,并交付生产部门生成。在设计过程中要特别重视零件性能要求、服役条件、金属材料选择及其成形加工方法的相互协调,保证机械产品生产过程中高质量、高效益和高效率。

2. 机械产品制造阶段

绝大多数的机械产品或机械零件是由原材料经过某些成形加工方法获得的。目前常用的机械产品或机械零件成形加工方法主要有:铸造、压力加工、焊接、粉末冶金、切削加工、特种加工等。

机械产品设计完成后,生产部门将根据成形工艺规程与机械零件图进行加工,然后进行装配。通常不能根据设计图直接进行成形加工,而应根据设计图绘制出制造图,再按制造图进行加工。这是由于设计图绘制出的是零件加工完成后的最终状态图,而制造图则是表示在制造过程中某一工序完成时的状态,两者是有差异的。因此,在加工时需要根据制造图准备合适的金属坯料,并进行预定的成形加工。准备好金属材料后,可以根据机械零件的结构特点,采用铸造、锻造、机械加工、热处理等不同的成形加工方法,然后分别在各类车间分工,逐步进行成形加工。零件成形加工完成后再装配成部件或整机。机械产品装配完后,要按设计要求进行各种试验,诸如,空载试验与负荷试验、力学性能试验、使用寿命试验及其他单项试验等。整机验收合格后,则可进行涂装、包装和装箱,最后投入市场。

3. 机械产品使用阶段

出厂的机械产品一经投入使用,其磨损、腐蚀、故障及断裂等就会接踵而来,并暴露出设计和制造过程中存在的质量问题。一个好的机械产品除了应注重设计功能、外观特征和制造工艺外,还应经常注意收集与积累使用过程中零件失效的资料,据此反馈给制造、设计部门,以进一步提高机械产品的质量。这样做不仅能使机械产品获得良好的可靠性,而且还能赢得良好的信誉和市场。

思 考 题

一、名词解释

1.金属材料;2.合金;3.钢铁材料;4.非铁金属;5.钢铁。

二、填空题

1.金属材料一般可分为_____材料和_____材料两类。

2.钢铁材料是由_____、_____及 Si、Mn 、S、P 等杂质元素组成的金属材料。

3.生铁是由铁矿石原料经_____而获得的。高炉生铁一般分为_____生铁和_____生铁两种。

4.现代炼钢方法主要有_____和_____。

5.根据钢液脱氧程度的不同,钢可分为_____钢、_____钢、_____钢和_____钢。

6.机械产品的制造过程一般分为_____、_____和_____三个阶段。

7.钢锭经过轧制最终会形成_____、_____、_____、_____和_____等产品。

三、判断题

1.钢和生铁都是以铁碳为主的合金。(　　)

2.高炉炼铁过程是使氧化铁还原,获得纯生铁的过程。(　　)

3.用锰铁、硅铁和铝粉进行充分脱氧后,可获得镇静钢。(　　)

4.电弧炉主要用于冶炼高质量的合金钢。(　　)

四、简答题

1.炼铁的主要原料有哪些?

2.炼钢用的原料有哪些?

3.镇静钢和沸腾钢之间有何差异?

五、观察与调研

观察钢铁材料在社会生活与生产中的应用,调查一下我国当年的钢铁产量。

第二章

金属材料基础知识

第一节 金属材料的性能

金属材料的性能分为使用性能和工艺性能。使用性能是指金属材料为保证机械零件或工具正常使用应具备的性能,即在使用过程中所表现出的特性,它包括力学性能、物理性能和化学性能等。工艺性能是指金属材料在制造机械零件或工具的过程中,适应各种冷、热加工的性能,也就是金属材料采用某种加工方法制成成品的难易程度,它包括铸造性能、压力加工性能、焊接性能、热处理性能及切削加工性能等,如某种金属材料采用焊接方法容易得到合格的焊件,就说明该金属材料的焊接工艺性能好。

在机械制造过程中,为了设计制造具有较强竞争力的产品,必须了解和掌握金属材料的各种性能,以便使机械产品在设计、选材和制造等方面体现出最优化。

一、金属材料的力学性能

金属材料的力学性能是指金属在力作用下所显示的与弹性和非弹性反应相关或涉及应力—应变关系的性能,如弹性、强度、硬度、塑性、韧性等。弹性是指物体在外力作用下改变其形状和尺寸,当外力卸除后物体又回复到其原始形状和尺寸的特性。物体受外力作用后导致物体内部之间相互作用的力称为内力,而单位面积上的内力则为应力 R(MPa 或 N/mm^2)。应变 ε 是指由外力所引起的物体原始尺寸或形状的相对变化(%)。

金属材料力学性能是评定金属材料质量的主要判据,也是金属构件设计时选材和进行强度计算的主要依据。金属力学性能指标有强度、塑性、硬度、韧性和疲劳强度等。

1. 强度

强度是金属材料抵抗永久变形和断裂的能力。金属材料的强度指标可以通过拉伸试验测得。金属材料抵抗拉伸力的强度指标主要有屈服点、规定残余伸长强度、抗拉强度等。

拉伸试验是指用静拉伸力对试样进行轴向拉伸,测量拉伸力和相应的伸长,并测其力学性能的试验。拉伸时一般将拉伸试样拉至断裂。试验过程中通常采用圆柱形拉伸试样,如图2-1所示。拉伸试样分为短试样和长试样两种。长拉伸试样 $L_0 = 10d_0$;短拉伸试样 $L_0 = 5d_0$。图 2-1(a)为拉伸试样拉断前的状态,图 2-1(b)为拉伸试样拉断后的状态。d_0 为拉伸试样的原始直径,d_1 为拉伸试样断口处的直径。L_0 为拉伸试样的原始标距,L_1 为拉断拉伸试样对接后测出的标距长度。拉伸力 F 和试样伸长量 ΔL 之间的关系曲线,称为力—伸长曲线。图 2-2 所示为退火低碳钢的力—伸长曲线图。完整的力—伸长曲线包括:弹性变形、屈服阶段、变形强化阶段、颈缩与断裂四个阶段。

在拉伸的开始阶段,力—伸长曲线图中为一条斜直线 Oe,在该阶段当拉伸力增加时,试样

伸长量 ΔL 也呈正比增加。当去除拉伸力后试样伸长变形消失,恢复其原来形状,其变形表现为弹性变形。图中 F_p 是试样保持弹性变形的最大拉伸力。

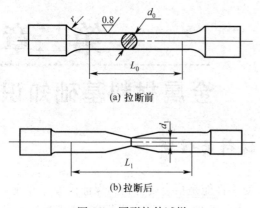

(a) 拉断前

(b)拉断后

图 2-1　圆形拉伸试样

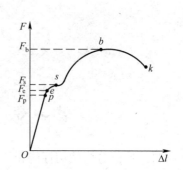

图 2-2　退火低碳钢力—伸长曲线

当拉伸力不断增加,超过 F_p 时,试样将产生塑性变形,去除拉伸力后,变形不能完全恢复,塑性伸长将被保留下来。当拉伸力继续增加到 F_s 时,力—伸长曲线在 s 点后出现一个平台,即在拉伸力不再增加的情况下,试样也会明显伸长,这种现象称为屈服现象。拉伸力 F_s 称为屈服拉伸力。

当拉伸力超过屈服拉伸力后,试样抵抗变形的能力将会增加,此现象为冷变形强化,即抗力增加现象。在力—伸长曲线上表现为一段上升曲线,即随着塑性的增大,试样变形抗力也逐渐增大。

当拉伸力达到 F_b 时,试样的局部截面开始收缩,产生颈缩现象。由于颈缩使试样局部截面逐渐缩小,最终导致试样被拉断。颈缩现象在力—伸长曲线上表现为一段下降的曲线。F_b 是试样拉断前能承受的最大拉伸力,称为极限拉伸力。

(1)屈服强度和规定塑性延伸强度。屈服强度是指拉伸试样在拉伸试验过程中力不增加(保持恒定)仍然能继续伸长(变形)时的应力。屈服强度用符号 R_s 表示。屈服强度是工程技术上重要的力学性能指标之一,也是大多数机械零件选材和设计的依据。屈服强度 R_s 可用下式计算:

$$R_s = F_s/S_0$$

式中　R_s——屈服强度,MPa;

　　　F_s——拉伸试样屈服时的拉伸力,N;

　　　S_0——拉伸试样原始横截面积,mm²。

工业上使用的部分金属材料,如高碳钢、铸铁等,在进行拉伸试验时,没有明显的屈服现象,也不会产生颈缩现象,这就需要规定一个相当于屈服点的强度指标,即规定残余伸长应力。

规定塑性延伸强度是指塑性延伸率等于规定的引伸计标距 L_e 百分率时对应的应力,用符号 R_p 表示。例如,$R_{p0.2}$ 表示规定塑性延伸率为 0.2% 时的应力。

(2)抗拉强度。抗拉强度是指拉伸试样拉断前承受的最大标称拉应力,用符号 R_m 表示。R_m 可用下式计算:

$$R_m = F_m/S_0$$

式中　R_m——抗拉强度,MPa;

F_m——拉伸试样承受的最大载荷,N;

S_0——拉伸试样原始横截面积,mm^2。

R_m是表征金属材料由均匀塑性变形向局部集中塑性变形过渡的临界值,也是表征材料在静拉伸条件下最大承载能力。对于塑性金属材料来说,拉伸试样在承受最大拉应力R_m之前,变形是均匀一致的。但拉应力超过R_m后,金属材料开始出现颈缩现象,即产生集中变形。

2. 塑性

塑性是金属材料在断裂前发生不可逆永久变形的能力。永久变形或塑性变形是物体在力的作用下产生的形状和尺寸的改变,外力去除后永久变形或塑性变形不能恢复到原来的形状和尺寸。金属材料的塑性可以用拉伸试样断裂时的最大相对变形量来表示,如拉伸后的断后伸长率和断面收缩率。它们是表征材料塑性好坏的主要力学性能指标。

(1)断后伸长率。拉伸试样拉断后的标距伸长与原始标距的百分比称为断后伸长率,用符号A表示。A可用下式计算:

$$A = \frac{L_1 - L_0}{L_0} \times 100\%$$

式中　A——断后伸长率,%;

L_1——拉断拉伸试样对接后测出的标距长度,mm;

L_0——拉伸试样原始标距,mm。

由于拉伸试样分为长拉伸试样和短拉伸试样,使用长拉伸试样测定的断后伸长率用符号$A_{11.3}$表示;使用短拉伸试样测定的断后伸长率用符号A表示。同一种材料的断后伸长率$A_{11.3}$和A数值是不相等的,一般短拉伸试样的A大于长试样的$A_{11.3}$。

(2)断面收缩率。断面收缩率是指拉伸试样拉断后颈缩处横截面积的最大缩减量与原始横截面积的百分比。断面收缩率用符号Z表示。Z值可用下式计算:

$$Z = \frac{S_0 - S_1}{S_0} \times 100\%$$

式中　Z——断面收缩率;

S_0——拉伸试样原始横截面积,mm^2;

S_1——拉伸试样断口处的横截面积,mm^2。

金属材料塑性的好坏,对零件的成形加工和使用具有重要的实际意义。塑性好的金属材料不仅能顺利地进行锻压、轧制等成形加工,而且在使用时万一超载,由于塑性变形,可以避免突然断裂。所以,大多数机械零件除要求具有较高的强度外,还须有一定的塑性。

目前金属材料室温拉伸试验方法采用GB/T 228.1—2021新标准,由于目前原有的金属材料力学性能数据是采用旧标准进行测定和标注的,所以,原有旧标准GB/T 228—1987仍然沿用。关于金属材料强度与塑性的新、旧标准名词和符号对照见表2-1。

3. 硬度

硬度是衡量金属材料软硬程度的性能指标,也是指金属材料抵抗局部变形,特别是塑性变形、压痕或划痕的能力。硬度试验过程中由于基本上不损伤试样,试验操作简便、迅速,不需要制作专门试样,而且可直接在工件上进行测试,因此,在生产中被广泛地应用。同时,硬度是一项综合力学性能指标,从金属表面的局部压痕也可以反映出材料的强度和塑性。因此,在零件图上常标出硬度指标,并作为技术要求之一。硬度值的高低,对于机械零件的耐磨性也有直接影响,金属材料的硬度值愈高,其耐磨性亦愈高。

金属工艺学

表 2-1 金属材料强度与塑性的新、旧标准名词和符号对照

GB/T 228.1—2021 新标准		GB/T 228—1987 旧标准	
名　词	符　号	名　词	符　号
断面收缩率	Z	断面收缩率	φ
断后伸长率	A 和 $A_{11.3}$	断后伸长率	δ_5 和 δ_{10}
屈服强度	—	屈服点	σ_s
上屈服强度	R_{eH}	上屈服点	σ_{sU}
下屈服强度	R_{eL}	下屈服点	σ_{sL}
规定塑性延伸强度	R_p，如 $R_{p0.2}$	规定残余伸长应力	σ_r，如 $\sigma_{r0.2}$
抗拉强度	R_m	抗拉强度	σ_b

硬度测定方法有压入法、划痕法、回弹高度法等。其中压入法的应用最为普遍，即在规定的静态试验力作用下，将一定的压头压入金属材料表面层，然后根据压痕的面积大小或深度大小测定其硬度值，这种评定方法称为压痕硬度。在压入法中根据载荷、压头和表示方法的不同，常用的硬度测试方法有布氏硬度（HBW）、洛氏硬度（HRA、HRB、HRC 等）和维氏硬度（HV）。

(1)布氏硬度。布氏硬度的试验原理是用一定直径的碳化钨合金球，以相应的试验力压入试样表面，经规定的保持时间后，去除试验力，测量试样表面的压痕直径 d，然后根据压痕直径 d 计算其硬度值的方法，如图 2-3 所示。布氏硬度值是用球面压痕单位表面积上所承受的平均压力表示的。目前，金属布氏硬度试验方法执行 GB/T 231.1—2002 标准，用符号 HBW 表示。本标准规定的布氏硬度试验范围上限为 650 HBW。布氏硬度值可用下式进行计算：

$$HBW = 0.102 \times \frac{2F}{\pi D(D - \sqrt{D^2 - d^2})}$$

式中　HBW——布氏硬度；

　　　F——试验力，N；

　　　D——压头的直径，mm；

　　　d——压痕直径，mm。

式中只有 d 是变数，因此，试验时只要测量出压痕直径 d(mm)，可通过计算或查布氏硬度表即可得出 HBW 值。布氏硬度计算值一般都不标出单位，只写明硬度的数值。

布氏硬度的标注方法是，测定的硬度值应标注在硬度 HBW 符号的前面。除了保持时间为 $10 \sim 15$ s 的试验条件外，在其他条件下测得的硬度值，均应在硬度 HBW 符号的后面用相应的数字注明压头直径、试验力大小和试验力保持时间。例如：

150 HBW 10/1 000/30 表示用直径为 10 mm 的碳化钨合金球，在 9.807 kN 试验力作用下，保持 30 s 测得的布氏硬度值为 150。

500 HBW 5/750 表示用直径为 5 mm 的碳化钨合金球，在 7.355 kN 试验力作用下保持 $10 \sim 15$ s测得的布氏硬度值。一般试验力保持时间为 $10 \sim 15$ s 时不标明。

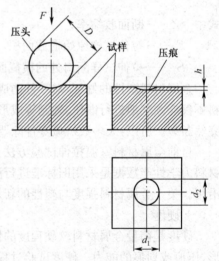

图 2-3　布氏硬度试验原理示意图

布氏硬度试验的特点是试验时金属材料表面压痕大,能在较大范围内反映被测金属材料的平均硬度,测得的硬度值比较准确,数据重复性强。但由于压痕大,对金属材料表面的损伤较大,不宜测定太小或太薄的试样。布氏硬度试验主要用来测试原材料的硬度,如铸铁、非铁金属经退火处理或正火处理的金属材料及其半成品等。

（2）洛氏硬度。洛氏硬度试验原理是以锥角为120°的金刚石圆锥体或直径为1.588 mm的淬火钢球,压入试样表面,如图2-4所示,试验时,先加初试验力,然后加主试验力,压入试样表面之后,去除主试验力,在保留初试验力的情况下,根据试样残余压痕深度增量来衡量试样的硬度大小。

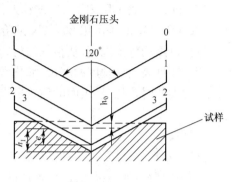

如图2-4所示,0—0位置为金刚石压头还没有与试样接触时的原始位置。当加上初试验力F_0后,压头压入试样中的深度为h_0,处于1—1位置。再加主试验力F_1,压头又压入试样的深度为h_1,处于2—2位置。然后去除主试验力,保持初试验力,压头因

图2-4　洛氏硬度试验原理示意图

材料的弹性恢复到3—3位置。图中所示e值,称为残余压痕深度增量。洛氏硬度试验就是用残余压痕深度增量计算金属材料的硬度值,实际测量时,可通过试验机的表盘直接读取被测金属材料的硬度值。洛氏硬度按选用的总试验力及压头类型的不同,常用A、B、C三种标尺。

根据规定,洛氏硬度数值写在符号HR的前面,HR后面写使用的标尺,如50 HRC表示用"C"标尺测定的洛氏硬度值为50。

洛氏硬度试验是生产中广泛应用的一种硬度试验方法。其特点是:硬度试验压痕小,对试样表面损伤小,常用来直接检验成品或半成品及较薄零件的硬度,尤其是经过淬火处理的零件,常采用洛氏硬度计进行测试;试验操作简便,可以直接从试验机上显示出硬度值,省去了繁琐的测量、计算和查表工作。但是,由于压痕小,硬度值的准确性不如布氏硬度高,数据重复性较差。因此,在测试金属材料洛氏硬度时,需要选取不同位置的三点测出硬度值,再计算三点硬度的平均值作为被测金属材料的硬度值。

（3）维氏硬度。维氏硬度测定原理与布氏硬度相似,如图2-5所示。将相对面夹角为136°的正四棱锥体金刚石作为压头,试验时在规定的试验力F(49.03～980.7 N)作用下,压入试样表面,经规定保持时间后,卸除试验力,则试样表面上压出一个四方锥形的压痕,测量压痕两对角线d的平均长度,可计算出其硬度值。维氏硬度是用正四棱锥形压痕单位表面积上承受的平均压力表示的硬度值。用符号HV表示,计算式如下:

$$HV = 0.189\ 1F/d^2$$

式中　HV——维氏硬度;

　　　　F——试验力,N;

　　　　d——压痕两条对角线长度算术平均值,mm。

试验时用测微仪器测出压痕的对角线长度,算出两对角线长度的平均值后,查GB 4340—1984附表就可得出维

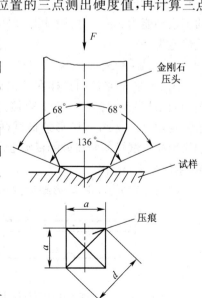

图2-5　维氏硬度试验原理示意图

氏硬度值。

维氏硬度的测量范围在 10～1 000 HV。标注方法与布氏硬度相同。硬度数值写在符号 HV 的前面,试验条件写在符号 HV 的后面。对于钢和铸铁若试验力保持时间为 10～15 s 时,可以不标出。例如:

640 HV 30 表示用 294.2N 试验力,保持 10～15 s 测定的维氏硬度值为 640。

640 HV 30/20 表示用 294.2N 试验力,保持 20 s 测定的维氏硬度值为 640。

维氏硬度测量范围宽,从很软的材料到很硬的材料都可以测量,测量数据具有连续性,尤其适用于零件表面层硬度的测量,如化学热处理的渗层硬度测量,其测量结果精确可靠。但测取维氏硬度值时,对试样表面的质量要求高,测量效率较低,因此,维氏硬度没有洛氏硬度使用方便。

4. 韧性

强度、塑性、硬度等力学性能指标是在静载荷作用下测定的。但是有些零件在工作过程中受到的是动载荷,如锻锤的锤杆、冲床的冲头等,这些工件除要求具备足够的强度、塑性、硬度外,还应有足够的韧性。韧性是金属材料在断裂前吸收变形能量的能力。动载荷尤其是冲击载荷比静载荷的破坏性要大得多,因此,需要制定冲击载荷下的性能指标,即冲击吸收功(单位是焦尔)。金属材料韧性大小通常采用冲击吸收功指标来衡量,而测定金属材料的冲击吸收功,通常采用夏比缺口冲击试验方法来测定。

(1)夏比冲击试验。夏比冲击试验是在摆锤式冲击试验机上进行的。试验时,将带有缺口的标准试样安放在试验机的机架上,使试样的缺口位于两支座中间,并背向摆锤的冲击方向,如图 2-6 所示。将一定质量的摆锤升高到规定高度 h_1,则摆锤具有势能 A_{KV1}(V 形缺口试样)。当摆锤落下将试样冲断后,摆锤继续向前升高到 h_2,此时摆锤的剩余势能为 A_{KV2}。摆锤冲断试样所失去的势能为

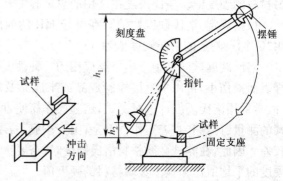

图 2-6　夏比冲击试验原理示意图

$$A_{KV} = A_{KV1} - A_{KV2} \quad (J)$$

A_{KV} 就是 V 形缺口试样在冲击试验力一次作用下折断时所吸收的功,称为冲击吸收功。 A_{KV} 可以从试验机的刻度盘上直接读出。它是表征金属材料冲击韧性的主要指标。显然,冲击吸收功 A_{KV} 或 A_{KU}(U 形缺口试样)愈大,表示材料抵抗冲击试验力而不破坏的能力愈强。如果用冲击试样的断口处的横截面积 S 去除 A_{KV} 或 A_{KU} 即可得到冲击韧度,其用 a_{KV} 或 a_{KU} 表示,单位是 J/cm^2。

如图 2-7 所示,带 V 形缺口的试样,称为夏比 V 形缺口试样;带 U 形缺口的试样,称为夏

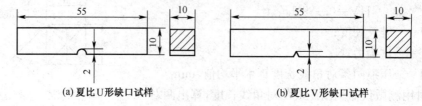

(a) 夏比 U 形缺口试样　　　　　　　(b) 夏比 V 形缺口试样

图 2-7　冲击试样

比 U 形缺口试样。使用 U 形缺口试样进行冲击试验时,相应的冲击吸收功用符号 A_{KU} 表示。V 形缺口试样比 U 形缺口试样更容易冲断,因而其冲击吸收功也较小。不同类型的冲击试样,测定出的冲击吸收功不能直接比较。

冲击吸收功(或冲击韧度)对组织缺陷非常敏感,它可灵敏地反映出金属材料的质量、宏观缺口和显微组织的差异,能有效地检验金属材料在冶炼、成形加工、热处理工艺等方面的质量。

冲击吸收功(或冲击韧度)对温度非常敏感,通过一系列温度下的冲击试验可测出金属材料的脆化趋势和韧脆转变温度。有些金属材料在室温时并不显示脆性,但在较低温度下,则可能发生脆断。冲击吸收功与温度之间的关系曲线如图 2-8 所示。对于具有低温脆性的金属材料,曲线上包括:高冲击吸收功区、过渡区和低冲击吸收功区。

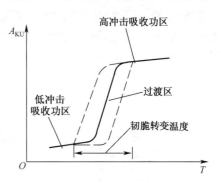

图 2-8　冲击吸收功—温度曲线

随试验温度的降低,冲击吸收功总的变化趋势是随温度降低而降低。当温度降至某一数值时,冲击吸收功急剧下降,金属材料由韧性断裂变为脆性断裂,这种现象称为冷脆转变。金属材料在一系列不同温度的冲击试验中,冲击吸收功急剧变化或断口韧性急剧转变的温度区域,称为韧脆转变温度。韧脆转变温度是衡量金属材料冷脆倾向的指标。金属材料的韧脆转变温度愈低,说明金属材料的低温抗冲击性愈好。非合金钢的韧脆转变温度约为 $-20℃$,因此,在较寒冷(低于 $-20℃$)地区使用的非合金钢构件,如车辆、桥梁、运输管道等在冬天易发生脆断现象。所以,在选择金属材料时,应考虑其服役条件的最低温度必须高于金属材料的韧脆转变温度。

(2)多次冲击试验。金属材料在实际服役过程中,经过一次冲击断裂的情况极少。许多金属材料或零件的服役条件是经受小能量多次冲击。由于在一次冲击条件下测得的冲击吸收功值不能完全反映这些零件或金属材料的性能指标,因此,提出了小能量多次冲击试验。

金属材料在多次冲击下的破坏过程是由裂纹产生、裂纹扩张和瞬时断裂三个阶段组成。其破坏是每次冲击损伤累积发展的结果,不同于一次性冲击破坏过程。

多次冲击弯曲试验如图 2-9 所示。试验时将试样放在试验机支座上,使试样受到试验机锤头的小能量多次冲击,测定被测金属材料在不同冲击能量下,最后破裂能够承受的冲击次数,以此作为多次冲击抗力指标。

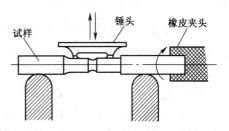

图 2-9　多次冲击弯曲试验示意图

多次冲击弯曲试验在一定程度上可以模拟零件的实际服役过程,为零件设计和选材提供了理论依据,也为估计零件的使用寿命提供了依据。

研究结果表明:多次冲击抗力取决于金属材料的强度和塑性两项指标,随着冲击能量的不同,金属材料强度和塑性的作用是不同的。小能量多次冲击抗力的大小,主要取决于金属材料强度的高低;大能量多次冲击抗力的大小,主要取决于金属材料塑性的高低。

5.疲劳强度

(1)疲劳现象。许多机械零件,如轴、齿轮、弹簧等是在循环应力和循环应变作用下工作的。循环应力和循环应变是指应力或应变的大小、方向,都随时间发生周期性变化的一类应力和应变。常见的循环应力是对称循环应力,其最大值 σ_{max} 和最小值 σ_{min} 的绝对值相等,即 $\sigma_{max}/\sigma_{min}=-1$,如图 2-10 所示。生产中许多零件工作时承受的应力值通常低于制作金属材料的屈服点或规定残余伸长应力,但是零件在这种循环应力作用下,经过一定工作时间后会发生突然断裂,这种现象称为疲劳。

疲劳断裂与静载荷作用下的断裂情况不同。疲劳断裂时不产生明显的塑性变形,断裂是突然发生的,具有很大的危险性,常造成严重事故。据统计,损坏的机械零件中 80% 以上是因疲劳造成的。因此,研究疲劳现象对于正确使用金属材料,合理设计机械构件具有重要的指导意义。

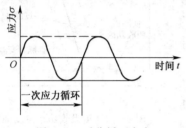

图 2-10　对称循环应力

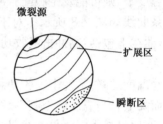

图 2-11　疲劳断口示意图

研究表明:疲劳断裂首先是在零件的应力集中区域产生,先形成微小的裂纹核心,即裂纹源。随后在循环应力作用下,裂纹继续扩展和长大。由于疲劳裂纹不断扩展,使零件的有效工作面逐渐减小,零件所受应力不断增加,当应力超过金属材料的断裂强度时,则发生疲劳断裂,形成最后断裂区。疲劳断裂的断口如图 2-11 所示。

(2)疲劳强度。金属材料在循环应力作用下能经受无限多次循环,而不断裂的最大应力值称为金属材料的疲劳强度。即循环次数值 N 无穷大时所对应的最大应力值,称为疲劳强度。在工程实践中,一般是求疲劳极限,即对应于指定的循环基数下的中值疲劳强度。对于钢铁材料其循环基数为 10^7,对于非铁金属其循环基数为 10^8。对于对称循环应力,其疲劳强度用 σ_{-1} 表示。许多试验结果表明:金属材料疲劳强度随着抗拉强度的提高而增加,对于结构钢当 $R_m \leqslant 1\,400\ \mathrm{MPa}$ 时,其疲劳强度 σ_{-1} 约为抗拉强度的 $\dfrac{1}{2}$。

疲劳断裂是在循环应力作用下,经一定循环次数后发生的。在循环应力作用下,金属材料承受一定的循环应力 σ 和断裂时相应的循环次数 N 之间的关系可以用曲线来描述,这种曲线称为 σ—N 曲线,如图 2-12 所示。这种曲线可以在一定程度上可以模拟金属材料的实际服役过程。

由于大部分机械零件的损坏是由疲劳造成的,消除或减少疲劳失效,对于提高零件使用寿命有着重要意义。影响疲劳强度的因素很多,除设计时在结构上注意减轻零件应力集中外,改善零件表面粗糙度,可减少缺口效应,提高疲劳强度。

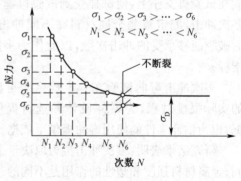

图 2-12　σ—N 曲线

采用表面处理,如高频淬火、表面形变强化(喷丸、滚压、内孔挤压等)、化学热处理(渗碳、渗氮、碳—氮共渗)以及各种表面复合强化工艺等都可改变零件表层的残余应力状态,从而使零件的疲劳强度提高。

二、金属材料的物理性能

金属材料的物理性能是指金属材料在重力、电磁场、热力（温度）等物理因素作用下，所表现出的性能或固有的属性。它包括密度、熔点、导热性、导电性、热膨胀性和磁性等。

1. 密度

金属材料的密度是指在一定温度下单位体积金属的质量。密度是金属材料的特性之一。不同的金属材料其密度是不同的。在体积相同的情况下，金属材料的密度越大，其质量（重量）也就越大。金属材料的密度，直接关系到由它所制造的设备的自重，如发动机要求质轻和惯性小的活塞，常采用密度小的铝合金制造。在航空航天领域，密度是选材的关键性能指标之一。一般将密度小于 $5×10^3$ kg/m^3 的金属称为轻金属，密度大于 $5×10^3$ kg/m^3 的金属称为重金属。

2. 熔点

金属材料和合金从固态向液态转变时的温度称为熔点。纯金属都有固定的熔点。合金的熔点决定于它的化学成分，如钢和生铁虽然都是铁和碳的合金，但由于其碳的质量分数不同，其熔点也不同。熔点对于金属材料和合金的冶炼、铸造、焊接等工艺是重要的工艺参数。熔点高的金属材料称为难熔金属（如钨、钼、钒等），可以用来制造耐高温零件，它们在火箭、导弹、燃气轮机和喷气飞机等方面有广泛的应用。熔点低的金属称为易熔金属（如锡、铅、铋等），它们可以用来制造熔断器（铅、锡、铋、镉的合金）、焊接钎料和防火安全阀等零件。

3. 导热性

金属材料传导热量的能力称为导热性。金属材料导热能力的大小常用热导率（亦称导热系数）λ 表示。金属材料的热导率越大，说明其导热性越好。一般来说，金属材料越纯，其导热能力越大。合金的导热能力比纯金属差。金属材料的导热能力以银为最好，铜、铝次之。

导热性好的金属材料其散热性也好，广泛用来制造散热器、热交换器与活塞等零件。在制订焊接、铸造、锻造和热处理工艺时，也必须考虑金属材料的导热性，以防金属材料在加热或冷却过程中形成较大的内应力，以免金属材料发生变形或开裂。

4. 导电性

金属材料能够传导电流的性能，称为导电性。金属材料导电性的好坏，常用电阻率 ρ 表示。电阻率越小，导电性就越好。导电性与导热性一样，纯金属的导电性比合金好。工业上常用纯铜、纯铝做导电材料，而用导电性差的铜合金（康铜）和铁铬铝合金做电热元件。

5. 热膨胀性

金属材料随着温度变化而膨胀或收缩的特性称为热膨胀性。一般来说，金属材料受热时膨胀而且体积增大，冷却时收缩而且体积缩小。热膨胀性的大小用线胀系数 α_l 和体胀系数 α_V 来表示。

体胀系数近似为线胀系数的 3 倍。在实际工作中考虑热膨胀性的地方颇多，如铺设钢轨时，在两根钢轨衔接处应留有一定的空隙，以便钢轨在长度方向有膨胀的余地；轴与轴瓦之间要根据膨胀系数来控制其间隙尺寸；在制订焊接、热处理、铸造和锻压工艺时也必须考虑材料的热膨胀影响，做到减少工件的变形与开裂；测量工件的尺寸时也要考虑热膨胀因素，做到减少测量误差。

6. 磁性

金属材料在磁场中被磁化而呈现磁性强弱的性能称为磁性。通常用磁导率 μ（H/m）表示。根据金属材料在磁场中受到磁化程度的不同，金属材料可分为：铁磁性材料、顺磁性材料和抗磁性材料。

（1）铁磁性材料。在外加磁场中，能强烈地被磁化到很大程度的金属材料，如铁、镍、钴等。

（2）顺磁性材料。在外加磁场中呈现十分微弱磁性的金属材料，如钼、铝、铂、锡、锰、铬等。

（3）抗磁性材料。能够抗拒或减弱外加磁场磁化作用的金属材料，如铜、金、银、铅、锌等。

在铁磁性材料中，铁及其合金（包括钢与铸铁）具有明显磁性。镍和钴也具有磁性，但远不如铁。铁磁性材料可用于制造变压器的铁心、发动机的转子、测量仪表等；抗磁性材料则可用作要求避免电磁场干扰的零件和结构材料。

三、金属材料的化学性能

金属材料的化学性能是指金属材料在室温或高温时抵抗各种化学介质作用所表现出来的性能，它包括耐腐蚀性、抗氧化性和化学稳定性等。金属材料在机械制造中，不但要满足力学性能、物理性能等要求，同时还要具有一定的化学性能，尤其是要求耐腐蚀、耐高温的机械零件，更应重视金属材料的化学性能。

1. 耐腐蚀性

金属材料在常温下抵抗氧、水及其他化学介质腐蚀破坏作用的能力，称为耐腐蚀性。金属材料的耐腐蚀性是一个重要的性能指标，尤其对在腐蚀介质（如酸、碱、盐、有毒气体等）中工作的零件，其腐蚀现象比在空气中更为严重。因此，在选择金属材料制造这些零件时，应特别注意金属材料的耐腐蚀性，并合理选用耐腐蚀性能好的金属材料进行制造。耐候钢、钛及钛合金、铜及铜合金、铝及铝合金等在室温条件下能耐大气腐蚀，一般都具有良好的耐腐蚀性。

2. 抗氧化性

金属材料在加热时抵抗氧化作用的能力，称为抗氧化性。金属材料的氧化随温度升高而加速，例如，钢材在铸造、锻造、热处理、焊接等热加工作业时，氧化比较严重。氧化不仅造成材料过量的损耗，也会形成各种缺陷，为此常采取措施，避免金属材料发生氧化。耐热钢、高温合金、钛合金等都具有良好的高温抗氧化性。

3. 化学稳定性

化学稳定性是金属材料的耐腐蚀性与抗氧化性的总称。金属材料在高温下的化学稳定性称为热稳定性。在高温条件下工作的设备（如锅炉、加热设备、汽轮机、喷气发动机等）上的部件需要选择热稳定性好的材料来制造。

四、金属材料的工艺性能

金属材料的工艺性能直接影响到零件的加工质量、生产效率和加工成本，同时也是选择金属材料时必须考虑的重要因素之一。

1. 铸造性能

金属材料在铸造成形过程中获得外形准确、内部健全铸件的能力称为铸造性能。铸造性能包括流动性、吸气性、收缩性和偏析等。流动性是指金属液本身的流动能力。收缩性是金属材料从液态凝固和冷却至室温过程中产生的体积和尺寸的缩减现象。金属材料的流动性越好，收缩率越小，表明金属材料的铸造性能越好。在金属材料中灰铸铁和青铜的铸造性能较好。

2.压力加工性能

金属材料利用压力加工方法塑造成形的难易程度称为压力加工性能。压力加工性能的好坏主要同金属材料的塑性和变形抗力有关。塑性越好,变形抗力越小,金属材料的压力加工性能越好。例如,黄铜和铝合金在室温状态下就具有良好的压力加工性能;非合金钢在加热状态下压力加工性能较好;而铸铜、铸铝、铸铁等几乎不能进行压力加工。

3.焊接性能

焊接性能是指金属材料在限定的施工条件下焊接成按规定设计要求的构件,并满足预定服役要求的能力。焊接性能好的金属材料能获得没有裂缝、气孔等缺陷的焊缝,并且焊接接头具有良好的力学性能。钢的焊接性能主要取决于碳及合金元素的含量,其中影响最大的是碳元素。低碳钢具有良好的焊接性能,而高碳钢、不锈钢、铸铁的焊接性能则较差。

4.切削加工性能

切削加工性能是指金属材料在切削加工时的难易程度。切削加工性能好的金属材料对切削刀具的磨损量小,可以选用较大的切削用量,加工表面也比较光洁。切削加工性能与金属材料的硬度、导热性、冷变形强化等因素有关。若金属材料硬度在 170～230 HBW 时,最容易切削加工。铸铁、铜合金、铝合金及非合金钢都具有较好的切削加工性能,而高合金钢的切削加工性能则较差。

第二节　金属材料晶体结构

金属材料的性能主要由其化学成分和内部组织结构决定。研究金属材料的内部结构及其变化规律,是了解金属材料性能,正确选用材料,合理确定金属材料加工方法的基础知识。

一、晶体与非晶体

物质都是由原子组成的,根据原子排列的特征,固态物质可分为晶体与非晶体两类。物质内部的质点(原子、离子或分子)呈规律性和周期性排列的物质,称为晶体,如图 2-13(a)所示。晶体具有固定的熔点、几何外形和各向异性特征,如金刚石、石墨、单晶硅及一般固态金属材料等都是晶体。物质内部的质点呈无规则排列的称为非晶体,如玻璃、沥青、石蜡、松香等都是非晶体。此外,随着现代科技的发展,人们还制成了具有特殊性能的非晶体状态的金属材料。

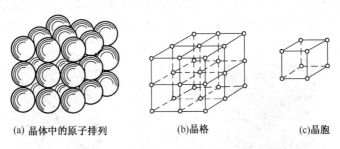

(a) 晶体中的原子排列　　(b)晶格　　(c)晶胞

图 2-13　简单立方晶格与晶胞示意图

1.金属材料的晶体结构

(1)晶格。为了清楚地描述和理解晶体中原子在三维空间排列的规律性,可把晶体内部原子近似地视为刚性质点,用一些假想的直线将各质点中心连接起来,便形成了一个空间格子,如图 2-13(b)所示。这种抽象地用于描述原子在晶体中排列形式的空间几何格子,称为晶格。

(2)晶胞。根据晶体中原子排列规律性和周期性的特点,从晶格中选取一个能够充分反映原子排列特点的最小几何单元进行分析。这个组成晶格的最小几何单元称为晶胞,如图 2-13(c)所示。

2.常见金属材料的晶格类型

在已知的 80 多种金属元素中,大部分金属的晶体结构属于下述三种类型:

(1)体心立方晶格。体心立方晶格的晶胞是立方体,立方体的 8 个顶角和中心各有一个原子,因此,每个晶胞实有原子数是 2 个,如图 2-14 所示。具有这种晶格的金属有钨(W)、钼(Mo)、铬(Cr)、钒(V)、α 铁(α—Fe)等。

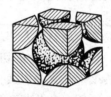

图 2-14　体心立方晶格示意图

(2)面心立方晶格。面心立方晶格的晶胞也是立方体,立方体的 8 个顶角和 6 个面的中心各有一个原子,因此,每个晶胞实有原子数是 4 个,如图 2-15 所示。具有这种晶格的金属有金(Au)、银(Ag)、铝(Al)、铜(Cu)、镍(Ni)、γ 铁(γ—Fe)等。

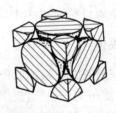

图 2-15　面心立方晶格示意图

(3)密排六方晶格。密排六方晶格的晶胞是正六方柱体,在正六方柱体的 12 个顶角和上下底面中心各有一个原子,另外在上下面之间还有 3 个原子,因此,每个晶胞实有原子数是 6 个,如图 2-16 所示。具有此种晶格的金属有镁(Mg)、锌(Zn)、铍(Be)、α 钛(α—Ti)等。

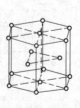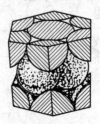

图 2-16　密排六方晶格示意图

二、金属材料的实际晶体结构

如果一块晶体内部的晶格位向(即原子排列的方向)完全一致,称这块晶体为单晶体。只有采用特殊方法才能获得单晶体,如单晶硅、单晶锗等。实际使用的金属材料即使是体积很小,其内部仍包含了许多颗粒状的小晶体,各小晶体中原子排列的方向不尽相同,这种由许多晶粒组成的晶体称为多晶体,如图 2-17 所示。多晶体材料内部以晶界分开的、晶体学位向相同的晶体称为晶粒。将任何两个晶体学位向不同的晶粒隔开的那个内界面称为晶界。

由于一般的金属材料是多晶体结构,故通常测出的性能是各个位向不同的晶粒的平均性能,其结果使金属材料显示出各向同性。

在晶界上原子的排列不像晶粒内部那样有规则性,这种原子排列不规则的区域称为晶体缺陷。根据晶体缺陷存在的几何形式,可将晶体缺陷分为以下三种:点缺陷、线缺陷和面缺陷。

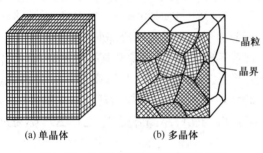

(a) 单晶体   (b) 多晶体

图 2-17　金属材料多晶体结构示意图

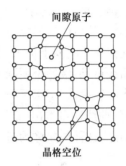

图 2-18　晶格空位和间隙原子示意图

(1)点缺陷。点缺陷是晶体中呈点状的缺陷,即在三维空间上的尺寸都很小的晶体缺陷。最常见的缺陷是晶格空位和间隙原子。原子空缺的位置称为空位;存在于晶格间隙位置的原子称为间隙原子,如图 2-18 所示。

(2)线缺陷。线缺陷是指在三维空间的两个方向上尺寸很小的晶体缺陷,如图 2-19 所示。这种缺陷主要是指各种类型的位错。所谓位错是指晶格中一列或若干列原子发生了某种有规律的错排现象。由于位错存在,造成金属晶格畸变,并对金属的性能,如强度、塑性、疲劳及原子扩散、相变过程等产生重要影响。

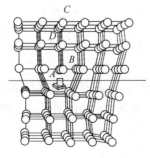

图 2-19　刃型位错示意图

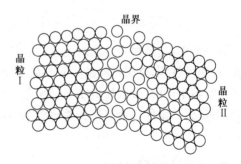

图 2-20　晶界过渡结构示意图

(3)面缺陷。面缺陷是指在二维方向上尺寸很大,在第三个方向上的尺寸很小,呈面状分布的缺陷。通常面缺陷是指晶界,如图 2-20 所示。

晶体缺陷对金属材料的性能会产生很大影响。例如,在晶界处由于原子呈不规则排列,使晶格处于畸变状态,它使金属材料的塑性变形抗力增大,从而使金属材料的强度和硬度有所提高。

第三节 纯金属的结晶过程

大多数金属材料制件都是经过熔化、冶炼、浇注及轧制获得的。物质由液态转变为固态的过程称为凝固。物质通过凝固形成晶体的过程称为结晶。金属材料结晶形成的铸态组织对金属材料的性能有直接影响。

一、冷却曲线与过冷度

纯金属的结晶是在恒温下进行的,研究金属材料的结晶过程通常采用热分析法,即测量前首先将金属熔化,然后以缓慢速度冷却,在冷却过程中,每隔一定时间测定一次温度,最后将测量结果绘制在温度—时间坐标上,即可得到如图 2-21(a)所示的纯金属冷却曲线。

从冷却曲线可见,液态金属随着时间的推移,温度不断下降,当冷却到某一温度时,在冷却曲线上出现水平线段,这个水平线段所对应的温度就是金属的理论结晶温度(T_0)。另外,从图 2-21(b)中的曲线还可看出,金属在实际结晶过程中,从液态必须冷却到理论结晶温度(T_0)以下才开始结晶,这种现象称为过冷。理论结晶温度 T_0 与实际结晶温度 T_n 之差 ΔT,称为过冷度。

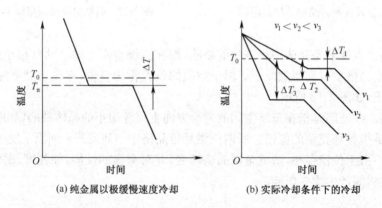

(a)纯金属以极缓慢速度冷却   (b)实际冷却条件下的冷却

图 2-21 纯金属结晶时的冷却曲线

研究指出:金属材料结晶时的过冷度并不是一个恒定值,而是与冷却速度有关,冷却速度越大,过冷度越大,金属材料的实际结晶温度也越低。

在实际生产中,金属材料结晶必须在一定的过冷度下进行,过冷是金属材料结晶的必要条件,但不是充分条件。金属材料要完成结晶,还要满足动力学条件,如必须有原子的移动和扩散等。

二、金属材料结晶过程

液态金属材料在达到结晶温度时,首先形成一些极细小的微晶体,称为晶核。随着时间的推移,已形成的晶核不断地长大。与此同时,又有新的晶核形成和长大,直至液态金属材料全部凝固。凝固结束后,各个晶核长成的晶粒彼此相互接触,如图 2-22 所示。晶核的形成和长大是金属材料结晶的基本过程。

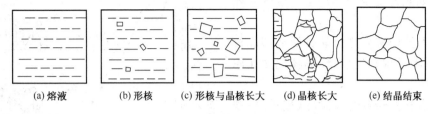

图 2-22　纯金属结晶过程示意图

三、金属材料结晶后晶粒大小的控制

金属材料结晶后形成由许多晶粒组成的多晶体。晶粒大小对金属材料的力学性能有很大影响。一般情况下，晶粒越细小，金属材料的强度、硬度愈高，塑性、韧性愈好。因此，生产中总是使金属材料获得细小的晶粒组织。晶粒大小对纯铁力学性能的影响如表 2-2 所示。在生产中，为了获得细小的结晶晶粒组织，常采用以下方法：

（1）增大液态金属材料的冷却速度，如降低浇注温度、采用蓄热大和散热快的金属铸型、局部加冷铁以及采用水冷铸型等都可以提高冷却速度，达到细化结晶晶粒目的。

（2）变质处理。变质处理就是在浇注前，以少量固体材料加入熔融金属中，增加形核数量，从而达到细化结晶晶粒，改善其组织和性能的方法。加入的少量固体材料可起晶核作用。

表 2-2　纯铁晶粒大小对其强度和塑性的影响

晶粒平均直径 $d_{av} \times 100/\text{mm}$	抗拉强度 R_m/MPa	断后伸长率 $A_{11.3}/\%$
9.7	168	28.8
7.0	184	30.6
2.5	215	39.6
0.2	268	48.8
0.16	270	50.7
0.1	284	50.0

（3）采用机械振动、超声波振动和电磁振动等使生长中的枝晶破碎，增加晶核数量，从而达到细化结晶晶粒效果。

第四节　金属材料的同素异构转变

大多数金属材料结晶后，其晶格类型不会发生变化。但有少数金属材料，如铁、锰、钛、钴、锡等，在结晶后，继续冷却时晶格类型会发生变化。金属材料在固态下由一种晶格转变为另一种晶格的过程，称为同素异构转变或称同素异晶转变。由纯铁的冷却曲线（图 2-23）可以看出，液态纯铁在结晶后具有体心立方晶格，称为 δ—Fe。当其冷却到 1 394℃时，发生同素异构转变，由体心立方晶格的 δ—Fe 转变为面心立方晶格的 γ—Fe，再冷却到 912℃时，原子排列方式又由面心立方晶格转变为体心立方晶格，称为 α—Fe。上述转变过程可由下式表示：

$$\delta—Fe \underset{}{\overset{1\,394℃}{\rightleftharpoons}} \gamma—Fe \underset{}{\overset{912℃}{\rightleftharpoons}} \alpha—Fe$$

同素异构转变是钢铁材料的一个重要特性，它是钢铁材料能够进行热处理的理论依

据,同素异构转变是通过原子的重新排列来完成的(犹如队列变换一样),这一过程有如下特点:

(1)同素异构转变是由晶核形成和晶核长大两个基本过程来完成,新晶核优先在原晶界处生成;

(2)同素异构转变时有过冷(或过热)现象,并且转变时具有较大的过冷度;

(3)同素异构转变过程中,有相变潜热产生,在冷却曲线上出现水平线段,但这种转变是在固态下进行的,它与液体结晶相比具有不同之处;

(4)同素异构转变时常伴有金属材料体积的变化。

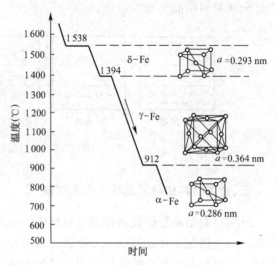

图 2-23　纯铁冷却曲线及同素异构转变示意图

第五节　合金的相结构

一、基本概念

(1)组元。组成合金最基本的、独立的物质称为组元。一般来说,组元就是组成合金的元素,有时也可将稳定的化合物作为组元。根据合金组元数目的多少,可将合金分为二元合金、三元合金等。

(2)合金系。由若干给定组元按不同比例配制而成的一系列化学成分不同的合金,称为合金系。

(3)相。相是指在一个合金系统中具有相同的物理性能和化学性能,并与该系统的其余部分以界面分开的部分。例如,在铁碳合金中 $\alpha-Fe$ 为一个相,Fe_3C 为一个相;水和冰虽然化学成分相同,但其物理性能不同,故为两个相。

(4)组织。组织是指用金相观察方法,在金属材料内部看到的涉及晶体或晶粒的大小、方向、形状、排列状况等组成关系的构造情况。

合金的性能取决于组织,而组织又与相有密切关系,所以,为了了解合金的组织和性能,首先必须了解合金的相结构。

二、合金的晶体结构

根据合金中各组元间的相互作用,合金中的相结构可分为固溶体、金属化合物及机械混合物三种类型。

1. 固溶体

将糖溶于水中,可以得到糖在水中的“液溶体”,其中水是溶剂,糖是溶质。如果糖水结成冰,便得到糖在固态水中的“固溶体”。合金中也有类似现象,合金在固态下一种组元的晶格内溶解了另一组元原子而形成的晶体相,称为固溶体。在固溶体中晶格保持不变的组元称为溶剂,因此,固溶体的晶格类型与溶剂相同,固溶体中的其他组元称为溶质。根据溶质原子在溶剂晶格中所占位置的不同,可将固溶体分为置换固溶体和间隙固溶体。

（1）置换固溶体。溶质原子代替一部分溶剂原子占据溶剂晶格部分结点位置时，所形成的晶体相，称为置换固溶体，如图2-24（a）所示。按溶质溶解度的不同，置换固溶体又可分为有限固溶体和无限固溶体。溶解度大小主要取决于组元间的晶格类型、原子半径和原子结构。

大多数固溶体只能有限固溶，且溶解度随着温度的升高而增加。只有两组元晶格类型相同，原子半径相差很小时，才可能无限互溶，形成无限固溶体，如白铜（铜与镍的合金）等。

（2）间隙固溶体。溶质原子在溶剂晶格中不占据溶剂结点位置，而是嵌入各结点之间的间隙内时，所形成的晶体相，称为间隙固溶体，如图2-24（b）所示。

由于溶剂晶格的间隙数量有限，所以，间

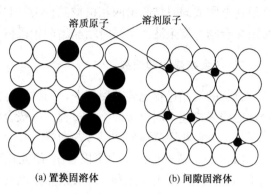

图 2-24　固溶体的类型

隙固溶体只能是有限溶解溶质原子，同时只有在溶质原子与溶剂原子半径的比值小于0.59时，才能形成间隙固溶体。间隙固溶体的溶解度与温度、溶质与溶剂原子半径比值以及溶剂晶格类型等有关。

无论是置换固溶体，还是间隙固溶体，异类原子的插入都将使固溶体晶格发生畸变，增加位错运动的阻力，使固溶体的强度、硬度提高。这种通过溶入溶质原子形成固溶体，使合金强度、硬度升高的现象称为固溶强化。固溶强化是金属材料强化手段之一。同时，只要适当控制固溶体中溶质的含量，就能在显著提高金属材料强度的同时仍然使其保持较高的塑性和韧性。

2.金属化合物

金属化合物是指合金中各组元间原子按一定整数比形成的具有金属特性的新相，如铁碳合金中的渗碳体（Fe_3C）就是铁和碳组成的金属化合物。金属化合物具有与其构成组元晶格截然不同的特殊晶格，具有熔点高、硬度高、脆性大等特性。合金中出现金属化合物时，通常能显著地提高合金的强度、硬度和耐磨性，但合金的塑性和韧性则会明显地降低。

3.机械混合物

固溶体、金属化合物均是组成合金的基本相。由两相或两相以上组成的多相组织，称为机械混合物。在机械混合物中各组成相仍然保持它原有的晶格类型和性能，而整个机械混合物的性能介于各组成相性能之间，并与各组成相的性能以及各相的数量、形状、大小和分布状况等密切相关。绝大多数合金材料都是机械混合物这种组织状态。

第六节　合金结晶过程

一、合金结晶过程

合金结晶后可形成不同类型的固溶体、金属化合物或机械混合物。合金的结晶过程与纯金属一样，仍然是晶核形成和晶核长大两个过程，同时合金结晶时也需要一定的过冷度，结晶结束后也会形成由多晶粒组成的晶体。与纯金属结晶过程相比，合金的结晶过程有以下不同之处：

（1）纯金属结晶是在恒温下进行，只有一个结晶温度（或临界点）。而合金则绝大多数是在一个温度范围内进行结晶，结晶的开始温度与终止温度不相同，有两个结晶温度（或临界点）。

(2)合金在结晶过程中,在局部范围内各相的化学成分(即浓度)有变化,当结晶终止后,整个晶体的平均化学成分与原合金的化学成分相同。

(3)合金结晶后不是单相,一般有三种情况:第一种是形成单相固溶体;第二种是形成单相金属化合物或同时结晶出两相机械混合物(如共晶体);第三种是结晶开始形成单相固溶体(或金属化合物),剩余液体又同时结晶出两相机械混合物(如共晶体)。

二、合金结晶冷却曲线

合金的结晶过程比纯金属复杂,但其结晶过程仍可用热分析法进行研究和测量,并用结晶冷却曲线来描述不同合金的结晶过程。一般合金的结晶冷却曲线有以下三种类型:

1. 形成单相固溶体的结晶冷却曲线

由图 2-25 冷却曲线 I 中可以看出,组元在液态下完全互溶,固态下仍完全互溶,结晶后形成单相固溶体。图中 a 点和 b 点分别为结晶开始温度和结晶终止温度。因结晶开始后,随着结晶温度不断下降,剩余液体的化学成分将不断发生改变,另外晶体放出的结晶潜热又不能完全补偿结晶过程中向外散失的热量,所以,ab 为一倾斜线段,结晶过程中有两个结晶温度。

2. 形成单相金属化合物或共晶体的结晶冷却曲线

由图 2-25 冷却曲线 II 中可以看出,组元在液态下完全互溶,在固态下完全不互溶或部分互溶,结晶后形成单相化合物或共晶体。图中 a 点和 a' 两点分别为结晶开始温度和终止温度,两个结晶温度是相同的。由于组成单相化合物的化学成分一定,在结晶过程中无化学成分变化,因此,与纯金属结晶相似,aa' 线为一水平线段,只有一个结晶温度。

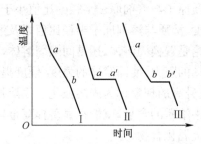

图 2-25　合金结晶冷却曲线类型
I—形成单相固溶体;II—形成单相固溶体或析出共晶体;
III—形成单相固溶体(或金属化合物)和机械混合物

从一定化学成分的液体合金中同时结晶出两种固相物质的过程,称为共晶转变(共晶反应),其结晶产物称为共晶体。实验证明:共晶转变是在恒温下进行的。

3. 形成单相固溶体(或金属化合物)和机械混合物的冷却曲线

由图 2-25 冷却曲线 III 中可以看出,组元在液态下完全互溶,在固态下部分互溶,结晶开始形成单相固溶体(或金属化合物)后,剩余液体则同时结晶出共晶体。图中 a 点和 b 两点分别为结晶开始温度和终止温度。在 ab 段结晶过程中,随结晶温度不断下降,剩余的液体的化学成分也不断改变。到 b 点时,剩余液体将发生共晶转变,结晶将在恒温下继续进行,到 b' 点结束转变,因此,结晶过程中有两个结晶温度。

第七节　金属材料铸锭组织特征

金属材料在铸造状态的组织会直接影响金属材料在压力加工、焊接等过程中的性能及其相关产品的性能。

金属材料在结晶过程中除了受过冷度和未熔杂质两个重要因素影响外,还受其他多种因素的影响,其影响结果可以从金属铸锭的组织构造中看出来。图 2-26 为纵向及横向剖开的铸锭组织,从中我们可以发现金属铸锭呈现三个不同的晶粒区,即表面细晶粒区、柱状晶粒区和等轴晶粒区。

1. 表面细晶粒区

液态金属材料刚注入锭模时，模壁温度较低，表面层的金属液受到剧烈冷却，因而在较大的过冷度下结晶。另外，铸模壁上有很多固体质点，可以起到许多自发形核的作用，因而使金属铸锭出现表面细晶粒组织。表面细晶粒区的组织特点是：晶粒细小，区域厚度较小，组织致密，化学成分均匀，力学性能较好。

2. 柱状晶粒区

柱状晶粒区的出现主要是因为金属铸锭受垂直于模壁散热方向的影响。细晶粒层形成后，随着模壁温度的升高，铸锭的冷却速度降低，晶核的形核率下降，长大速度提高，各晶粒可较快地成长。同

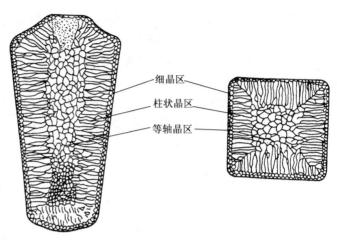

细晶区
柱状晶区
等轴晶区

图 2-26　铸锭断面组织结构示意图

时，凡晶轴垂直于模壁的晶粒，由于其沿着晶轴向模壁传热较快，因而它们的成长不至因彼此之间相互抵触而受限制，所以，这些晶粒优先得到成长，从而形成柱状晶粒区。

在柱状晶粒区，两排柱状晶粒相遇的接合面上存在着脆弱区，此区域常有低熔点杂质及非金属夹杂物积聚，使金属材料的强度和塑性降低。这种组织在锻造和轧制时，容易使金属材料沿接合面开裂，所以，生产上经常采用振动浇注或变质处理方法来抑制柱状晶粒的扩展。但对于熔点低，不含易熔杂质，具有良好塑性的非铁金属，如铝及铝合金、铜及铜合金等，即使铸锭全部为柱状晶粒区，也能顺利进行热轧、热锻等压力加工。

3. 等轴晶粒区

随着柱状晶粒发展到一定程度，液态金属向外散热的速度越来越慢，这时散热的方向性已不明显，而且锭模中心区域的液态金属温度逐渐降低而趋于均匀。同时由于种种原因（如液态金属的流动），可能将一些未熔杂质推至铸锭中心区域或将柱状晶的枝晶分枝冲断，飘移到铸锭中心区域，它们都可成为剩余液体的晶核，这些晶核由于在不同方向上的长大速度相同，加之中心区域的液态金属过冷度较小，因而形成粗大的等轴晶粒区。等轴晶粒区的组织特点是：晶粒粗大，组织疏松，力学性能较差。

在金属铸锭中，除存在组织不均匀外，还常有缩孔、气泡、偏析、夹杂等缺陷。根据液态金属浇注方法的不同，金属铸锭分为钢锭模铸锭（简称铸锭）和连续铸锭。连续铸锭是指金属液经连铸机直接生产的铸锭，其组织结构也分为三个区，但与铸锭略有不同。

第八节　铁碳合金的基本组织

铁和碳的合金称为铁碳合金，如钢和铸铁都是铁碳合金。要了解各种钢和铸铁的组织、性能以及加工方法等，首先要了解铁碳合金的化学成分、组织、性能之间的相互关系。铁碳合金相图就是研究铁碳合金组织、化学成分和温度之间相互关系的基本图形，了解它对于我们制定

钢铁材料的铸造工艺、压力加工工艺、焊接工艺、热处理工艺以及合理选材等有着重要的指导作用。铁碳合金在固态下的基本组织有铁素体、奥氏体、渗碳体、珠光体和莱氏体。

1. 铁素体(F)

铁素体是指 α—Fe 或其内固溶有一种或数种其他元素所形成的晶体点阵为体心立方的固溶体,用符号 F(或 α)表示。碳原子较小,在 α—Fe 晶格中碳处于间隙位置,如图 2-27 所示。铁素体溶碳量很小,在 727℃时溶碳量最大[$w(C)=0.0218\%$],随着温度的下降其溶碳量逐渐减少,其性能几乎和纯铁相同,即强度和硬度($\sigma_b=180\sim280$ N/mm², $50\sim80$ HBW)较低,而塑性和韧性($\delta=30\%\sim50\%$, $A_{KU}=128\sim160$ J)较高。铁素体在 770℃(居里点)有磁性转变,在 770℃以下具有铁磁性,在 770℃以上则失去铁磁性。

由于晶界容易腐蚀,并呈现不规则的黑色线条,所以,在金相显微镜下观察时,铁素体呈明亮的多边形晶粒,如图 2-28 所示。

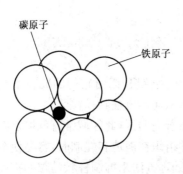

图 2-27　铁素体晶胞示意图

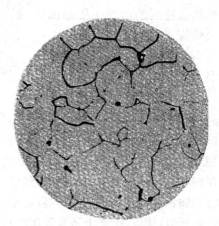

图 2-28　铁素体的金相显微组织

2. 奥氏体(A)

奥氏体是指 γ—Fe 内固溶有碳和(或)其他元素所形成的晶体点阵为面心立方的固溶体,常用符号 A(或 γ)表示。奥氏体仍保持 γ—Fe 的面心立方晶格,碳在 γ—Fe 晶格中的位置如图 2-29 所示。奥氏体溶碳能力较大,在 1 148℃时溶碳量最大[$w(C)=2.11\%$],随着温度下降溶碳量逐渐减少,在 727℃时的溶碳量为 $w(C)=0.77\%$。

奥氏体具有一定的强度和硬度($\sigma_b\approx400$ MPa, $160\sim220$ HBW),塑性($\delta\approx40\%\sim50\%$),在压力加工中,大多数钢材要加热至高温奥氏体状态进行塑性变形加工。在金相显微镜下观察,奥氏体的显微组织呈多边形晶粒状态,但晶界比铁素体的晶界平直些,并且晶粒内常出现孪晶组织(图中晶粒内的平行线),如图 2-30 所示。

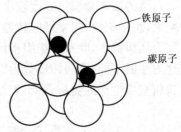

图 2-29　奥氏体的晶胞示意图

需要说明的是:稳定的奥氏体属于铁碳合金的高温组织,当铁碳合金缓冷到 727℃时,奥氏体将发生转变,转变为其他类型的组织。奥氏体是非铁磁性相。

3.渗碳体(Fe₃C)

渗碳体是铁和碳的金属化合物,具有复杂的晶体结构,用化学式 Fe_3C 表示。渗碳体的晶格形式,与碳和铁都不一样,是复杂的晶格类型,如图 2-31 所示。渗碳体碳的质量分数是 6.69%,熔点为 1 227℃。渗碳体的结构比较复杂,其硬度高,脆性大,塑性与韧性极低。渗碳体在钢和铸铁中与其他相共存时呈片状、球状、网状。

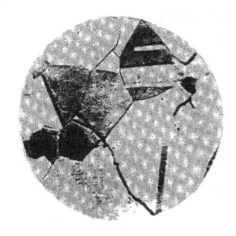

图 2-30　奥氏体的金相显微组织

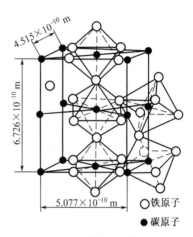

图 2-31　渗碳体的晶体示意图

渗碳体没有同素异构转变,但有磁性转变,在 230℃以下具有弱铁磁性,而在 230℃以上则失去磁性。渗碳体是碳在铁碳合金中的主要存在形式,是亚稳定的金属化合物,在一定条件下,渗碳体可分解成石墨,这一过程对于铸铁的生产具有重要意义。

4.珠光体(P)

珠光体是指奥氏体从高温缓慢冷却时发生共析转变形成的,其典型显微组织特征是铁素体薄层和渗碳体薄层交替重叠的层状复相组织。由于珠光体的显微组织形态酷似珍珠贝外壳纹,故称之为珠光体组织,如图 2-32 所示。珠光体是铁素体(软)和渗碳体(硬)组成的机械混合物,常用符号"P"表示。在珠光体中,铁素体和渗碳体仍保持各自原有晶格类型。珠光体碳的质量分数 $w(C)$ 平均为0.77%。珠光体的性能介于铁素体和渗碳体之间,有一定的强度($\sigma_b \approx 400$ MPa),硬度适中(180 HBW 左右),塑性与韧性($\delta \approx 20\% \sim 35\%$,$A_{KU} = 24 \sim 32$ J)较好,是一种综合力学性能较好的组织。

在固态下由一种单相固溶体同时析出两相固体物质的过程,称为共析转变(共析反应)。共析转变与共晶转变一样,也是在恒温条件下进行的。

图 2-32　共析钢中珠光体的金相显微组织

5.莱氏体(Ld)

莱氏体是指高碳的铁基合金在凝固过程中发生共晶转变所形成的奥氏体和渗碳体所组成的共晶体。莱氏体碳的质量分数为 4.3%。$w(C) > 2.11\%$ 的铁碳合金从液态缓冷至 1 148℃时,将同时从液体中结晶出奥氏体和渗碳体的机械混合物,莱氏体用符号 Ld 表示。由于奥氏体在727℃时转变为珠光体,所以,在室温时莱氏体是由珠光体和渗碳体所组成。为了区别起见,将727℃以上存在的莱氏体称为高温莱氏体(Ld);在727℃以下存在的莱氏体称为低温莱氏体(Ld'),或称变态莱氏体。

莱氏体的性能与渗碳体相似,硬度高,塑性很差,脆性大。莱氏体的显微组织可以看成是在渗碳体的基体上分布着颗粒状的奥氏体(或珠光体)。

第九节 铁碳合金相图

一、铁碳合金相图

铁碳合金相图是铁碳合金在极缓慢冷却(或加热)条件下,不同化学成分的铁碳合金,在不同温度下所具有的组织状态的图形。碳的质量分数 $w(C) > 5\%$ 的铁碳合金,尤其当碳的质量分数增加到 6.69% 时,铁碳合金几乎全部变为金属化合物 Fe_3C。这种化学成分的铁碳合金硬而脆,机械加工困难,在机械制造方面很少应用。所以,研究铁碳合金相图时,只需研究 $w(C) \leqslant 6.69\%$ 这部分。而 $w(C) = 6.69\%$ 时,铁碳合金全部为亚稳定的 Fe_3C,因此,Fe_3C 就可看成是铁碳合金的一个组元。实际上研究铁碳合金相图,就是研究 $Fe—Fe_3C$ 相图部分,如图 2-33 所示。

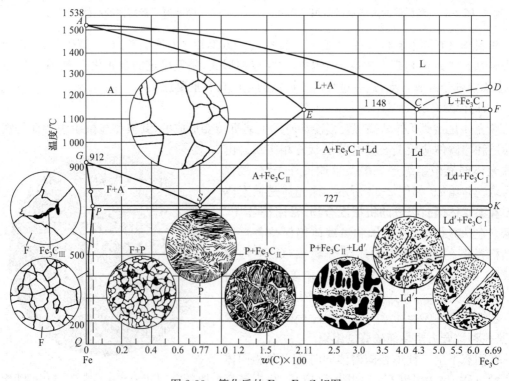

图 2-33 简化后的 $Fe—Fe_3C$ 相图

二、铁碳合金相图中的特性点

铁碳合金相图中主要特性点的温度、碳的质量分数 $w(C)$ 及其含义见表 2-3。

表 2-3　铁碳合金相图中的特性点

特性点	温度/℃	$w(C)/\%$	特性点的含义
A	1 538	0	纯铁的熔点或结晶温度
C	1 148	4.3	共晶点,发生共晶转变 $L_{4.3} \rightleftharpoons A_{2.11} + Fe_3C$
D	1 227	6.69	渗碳体的熔点
E	1 148	2.11	碳在 $\gamma-Fe$ 中的最大溶碳量,也是钢与生铁的化学成分分界点
F	1 148	6.69	共晶渗碳体的化学成分点
G	912	0	$\alpha-Fe \rightleftharpoons \gamma-Fe$ 同素异构转变点
S	727	0.77	共析点,发生共析转变 $A_{0.77} \rightleftharpoons F_{0.0218} + Fe_3C$
P	727	0.021 8	碳在 $\alpha-Fe$ 中的最大溶碳量

三、铁碳合金相图中的主要特性线

1. 液相线 ACD

在液相线 ACD 以上区域,铁碳合金处于液态,冷却下来时碳的质量分数 $w(C) \leqslant 4.3\%$ 的铁碳合金在 AC 线开始结晶出奥氏体(A);碳的质量分数 $w(C) > 4.3\%$ 的铁碳合金在 CD 线开始结晶出渗碳体,称一次渗碳体,用 Fe_3C_I 表示。

2. 固相线 $AECF$

在固相线 $AECF$ 以下区域,铁碳合金呈固态。

3. 共晶线 ECF

ECF 线是一条水平(恒温)线,称为共晶线。在此线上液态铁碳合金将发生共晶转变,其反应式为

$$L_{4.3} \xrightarrow{1\ 148℃} A_{2.11} + Fe_3C_{6.69}$$

共晶转变形成了奥氏体与渗碳体的机械混合物,称为莱氏体(Ld)。碳的质量分数 $w(C) = 2.11\% \sim 6.69\%$ 的铁碳合金均会发生共晶转变。

4. 共析线 PSK

PSK 线也是一条水平(恒温)线,称为共析线,通常称为 A_1 线。在此线上固态奥氏体将发生共析转变,其反应式为

$$A_{0.77} \xrightarrow{727℃} F_{0.0218} + Fe_3C_{6.69}$$

共析转变的产物是铁素体与渗碳体的机械混合物,称为珠光体(P)。碳的质量分数 $w(C) > 0.021\ 8\%$ 的铁碳合金均会发生共析转变。

5. GS 线

GS 线表示铁碳合金冷却时由奥氏体组织中析出铁素体组织的开始线,通常称为 A_3 线。

6. ES 线

ES 线是碳在奥氏体中的溶解度变化曲线,通常称为 A_{cm} 线。它表示铁碳合金随着温度的降低,奥氏体中碳的质量分数沿着此线逐渐减少,多余的碳以渗碳体形式析出,称为二次渗碳体,用 Fe_3C_{II} 表示,以区别于从液态铁碳合金中直接结晶出来的 Fe_3C_I。

7. GP 线

GP 线为铁碳合金冷却时奥氏体组织转变为铁素体的终了线或者加热时铁素体转变为奥

氏体的开始线。

8. PQ 线

PQ 线是碳在铁素体中的溶解度变化曲线,它表示铁碳合金随着温度的降低,铁素体中的碳的质量分数沿着此线逐渐减少,多余的碳以渗碳体形式析出,称为三次渗碳体,用 Fe_3C_{III} 表示。由于 Fe_3C_{III} 数量极少,在一般钢中对性能影响不大,故可忽略。

四、铁碳合金的分类

铁碳合金相图中的各种合金,按其碳的质量分数和室温平衡组织的不同,一般分为工业纯铁、钢、白口铸铁(生铁)三类,如表 2-4 所示。

表 2-4   铁碳合金分类

合金类别	工业纯铁	钢			白口铸铁		
		亚共析钢	共析钢	过共析钢	亚共晶白口铸铁	共晶白口铸铁	过共晶白口铸铁
$w(C)/\%$	$w(C)\leqslant0.0218$	0.0218<$w(C)\leqslant$2.11			2.11<$w(C)$<6.69		
		<0.77	0.77	>0.77	<4.3	4.3	>4.3
室温组织	F	F+P	P	$P+Fe_3C_{II}$	$Ld'+P+Fe_3C_{II}$	Ld'	$Ld'+Fe_3C_I$

五、碳对铁碳合金组织和性能的影响

碳是决定钢铁材料组织和性能最主要的元素。不同碳的质量分数的铁碳合金在缓冷条件下,其结晶过程及最终得到的室温组织是不相同,碳的质量分数与室温平衡组织的关系见表 2-4。

铁碳合金的平衡组织是由铁素体和渗碳体两相所构成。其中铁素体是含碳极微的固溶体,是钢中的软韧相,渗碳体是硬而脆的金属化合物,是钢中的强化相。随着钢中碳的质量分数的不断增加,平衡组织中铁素体的数量不断减少,渗碳体数量不断增多,因此,钢的力学性能将发生明显的变化。当碳的质量分数 $w(C)<0.9\%$ 时,随着碳的质量分数的增加,钢的强度和硬度提高,塑性和韧性降低;当碳的质量分数 $w(C)>0.9\%$ 时,由于 Fe_3C_{II} 的数量随着碳的质量分数的增加,急剧增多,并明显地呈网状分布于奥氏体晶界上,这样不仅降低了钢的塑性和韧性,而且也降低了钢的强度,如图 2-34 所示。

六、铁碳合金相图的应用

铁碳合金相图反映了钢铁材料的组织随化学成分和温度变化的规律,在机械制造方面为

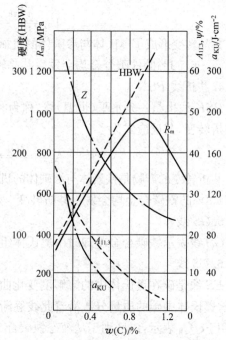

图 2-34   碳的质量分数对钢力学性能的影响

选材及制定铸造工艺、压力加工工艺、焊接工艺及热处理等提供了重要的理论依据,如图 2-35 所示。但应用铁碳合金相图时还需考虑其他合金元素、杂质及生产中加热和冷却速度较快等 因素对相图的影响,不能完全绝对地仅用铁碳合金相图来进行分析,应用时还须借助其他知识 和参照其他相图等进行准确的分析。

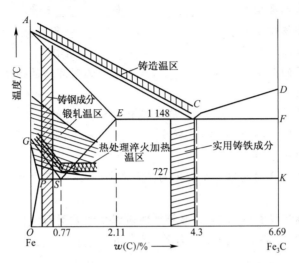

图 2-35　铁碳合金相图与热加工工艺规范的关系

一、名词解释

1. 力学性能;2. 屈服点;3. 断后伸长率;4. 塑性;5. 冲击韧度;6. 硬度;7. 疲劳;8. 物理性能; 9. 化学性能;10. 工艺性能;11. 磁性;12. 晶体;13. 晶格;14. 晶胞;15. 单晶体;16. 多晶体;17. 晶 界;18. 晶粒;19. 结晶;20. 变质处理;21. 组元;22. 相;23. 铁素体;24. 奥氏体;25. 铁碳合金相 图;26. 低温莱氏体。

二、填 空 题

1. 金属材料的性能包括_____性能和_____性能。

2. 金属材料的化学性能包括_____性、_____性和_____性等。

3. 铁和铜的密度较大,称为_____金属;铝的密度较小,则称为_____金属。

4. 洛氏硬度按选用的总试验力及压头类型的不同,常用的标尺有_____、_____和_____。

5. 500 HBW 5/750 表示用直径为_____mm,材质为_____的压头,在_____kN 压力下,保持_____秒,测得的_____硬度值为_____。

6. 冲击吸收功的符号是_____,其单位为_____。

7. 填出下列力学性能指标的符号:屈服点_____、洛氏硬度 A 标尺_____、断后伸长率_____、断面收缩率_____、对称循环应力下的疲劳强度_____。

8. 根据金属材料在磁场中受到磁化程度的不同,金属材料可分为:_____材料、

_____材料和_____材料。

9.使用性能包括_____性能、_____性能和_____性能。

10.疲劳断裂的过程包括_____、_____和_____。

11.晶体与非晶体的根本区别在于_____。

12.金属晶格的基本类型有_____、_____与_____三种。

13.实际金属的晶体缺陷有_____、_____、_____三类。

14.金属材料的结晶过程是一个_____和_____的过程。

15.金属材料结晶的必要条件是_____,金属材料的实际结晶温度_____是一个恒定值。

16.金属材料结晶时_____越大,过冷度越大,金属材料的_____温度越低。

17.金属材料的晶粒愈细小,其强度、硬度_____,塑性、韧性_____。

18.合金的晶体结构分为_____、_____与_____三种。

19.根据溶质原子在溶剂晶格中所占据的位置不同,固溶体可分为_____和_____两类。

20.大多数固溶体只能有限固溶,且溶解度随着温度的升高而_____。

21.在金属铸锭中,除存在组织不均匀外,还常有_____、_____、_____及_____等缺陷。

22.金属铸锭分为_____和_____。

23.分别填出下列铁碳合金组织的符号:

奥氏体_____;铁素体_____;渗碳体_____;珠光体_____;高温莱氏体_____;低温莱氏体_____。

24.珠光体是由_____和_____组成的机械混合物。

25.莱氏体是由_____和_____组成的机械混合物。

26.奥氏体在 1 148℃时碳的质量分数可达_____,在 727℃时碳的质量分数为_____。

27.根据室温组织的不同,钢又分为_____析钢,其室温组织为_____和_____;_____析钢,其室温组织为_____;_____析钢,其室温组织为_____和_____。

28.碳的质量分数为_____的铁碳合金称为共析钢,当加热后冷却到 S 点(727℃)时会发生_____转变,从奥氏体中同时析出_____和_____的混合物,此混合物称为_____。

29.奥氏体和渗碳体组成的共晶产物称为_____,其碳的质量分数为_____。

30.亚共晶白口铸铁碳的质量分数为_____,其室温组织为_____。

31.亚共析钢碳的质量分数为_____,其室温组织为_____。

32.过共析钢碳的质量分数为_____,其室温组织为_____。

33.过共晶白口铸铁的碳的质量分数为_____,其室温组织为_____。

三、选 择 题

1.拉伸试验时,试样拉断前能承受的最大标称应力称为材料的_____。

    A.屈服强度   B.抗拉强度   C.弹性极限

2.测定淬火钢件的硬度,一般常选用_____来测试。

A. 布氏硬度计　　　　　B. 洛氏硬度计　　　　　C. 维氏硬度计

3. 作疲劳试验时,试样承受的载荷为_____。

A. 静载荷　　　　　　　B. 冲击载荷　　　　　　C. 循环载荷

4. 金属材料抵抗永久变形和断裂的能力,称为_____。

A. 硬度　　　　　　　　B. 塑性　　　　　　　　C. 强度

5. 金属材料的_____越好,则其压力加工性能越好。

A. 强度　　　　　　　　B. 塑性　　　　　　　　C. 硬度

6. 铁素体为_____晶格,奥氏体为_____晶格,渗碳体为_____晶格。

A. 体心立方　　　　B. 面心立方　　　　C. 密排六方　　　　D. 复杂的

7. 铁碳合金相图上的 ES 线,用代号_____表示,PSK 线用代号_____表示。

A. A_1　　　　　　　　B. A_{cm}　　　　　　　　C. A_3

8. 铁碳合金相图上的共析线是_____,共晶线是_____。

A. ECF 线　　　　　　　B. ACD 线　　　　　　　C. PSK 线

四、判 断 题

1. 合金的熔点取决于它的化学成分。(　　)

2. 1 kg 钢和 1 kg 铝的体积是相同的。(　　)

3. 导热性差的金属材料,加热和冷却时会产生较大的内外温度差,导致内外金属材料不同的膨胀或收缩,产生较大的内应力,从而使金属材料变形,甚至产生开裂。(　　)

4. 金属材料的电阻率越大,导电性越好。(　　)

5. 所有的金属材料都具有磁性,能被磁铁所吸引。(　　)

6. 塑性变形能随载荷的去除而消失。(　　)

7. 所有金属材料在拉伸试验时都会出现显著的屈服现象。(　　)

8. 作布氏硬度试验时,当试验条件相同时,压痕直径越小,则材料的硬度越低。(　　)

9. 洛氏硬度值是根据压头压入被测材料的残余压痕深度增量来确定的。(　　)

10. 小能量多次冲击抗力的大小主要取决于材料的强度高低。(　　)

11. 纯铁在 780℃时为面心立方结构的 γ—Fe。(　　)

12. 实际金属的晶体结构不仅是多晶体,而且还存在着多种缺陷。(　　)

13. 纯金属的结晶过程是一个恒温过程。(　　)

14. 固溶体的晶格仍然保持溶剂的晶格。(　　)

15. 间隙固溶体只能为有限固溶体,置换固溶体可以是无限固溶体。(　　)

16. 金属铸锭中其柱状晶粒区的出现主要是因为金属铸锭受垂直于模壁散热方向的影响。(　　)

17. 单晶体在性能上没有明显的方向性。(　　)

18. 铁素体在 770℃(居里点)有磁性转变,在 770℃以下具有铁磁性,在 770℃以上则失去铁磁性。(　　)

19. 金属化合物的特性是硬而脆,莱氏体的性能也是硬而脆,故莱氏体属于金属化合物。(　　)

20. 渗碳体碳的质量分数是 6.69%。(　　)

21. 在 Fe—Fe₃C 相图中,A_3 温度是随着碳的质量分数的增加而上升的。(　　)

22.碳溶于 α—Fe 中所形成的间隙固溶体,称为奥氏体。(　　)

五、简 答 题

1.画出退火低碳钢的力—伸长曲线,并简述其拉伸变形的几个阶段。

2.采用布氏硬度试验测取材料的硬度值有哪些优缺点?

3.有一钢试样,其原始直径为 10 mm,原始标距长度为 50 mm,当载荷达到 18 840 N 时试样产生屈服现象;载荷加至 36 110 N 时,试样产生颈缩现象,然后被拉断;拉断后,试样标距长度为 73 mm,断裂处的直径为 6.7 mm,求试样的 σ_s、σ_b、δ_5 和 φ。

4.什么是过冷现象和过冷度? 过冷度与冷却速度有什么关系?

5.金属的结晶是怎样进行的?

6.何为金属的同素异构转变? 试画出纯铁的结晶冷却曲线和晶体结构变化图

7.与纯金属结晶过程相比,合金的结晶过程有何特点?

8.简述碳的质量分数为 0.4% 和 1.2% 的铁碳合金从液态冷至室温时其组织变化过程。

9.把碳的质量分数为 0.45% 的钢和白口铸铁都加热到高温(1 000~1 200℃),能否进行锻造? 为什么?

六、观察与思考

1.观察你周围的工具、器皿和机械设备等,分析其制造材料的性能与使用要求的关系。

2.通过学习与查阅资料,相互探讨一下材料的宏观表现与其微观结构的关系。

3.你能区分生活中遇到的钢件与铸铁件吗? 思考一下,有几种方法可以区分?

第三章

钢 材 热 处 理

热处理是采用适当的方式对金属材料或工件进行加热、保温和冷却以获得预期的组织结构与性能的工艺。热处理是机械零件及工具制造过程中的重要工艺,它能有效地改善零件的组织和性能,发挥钢铁材料潜力,提高零件的使用寿命,机械制造工程中绝大多数的零件需要进行热处理。热处理工艺方法虽然较多,但其过程基本都是由加热、保温、冷却三个阶段组成。热处理工艺可用加热与冷却曲线来表示,如图3-1所示。

钢铁热处理原理主要是利用钢铁材料在加热和冷却时内部组织发生转变的基本规律,人们根据这些基本规律和性能要求,选择合适的加热温度、保温时间和冷却介质等有关参数,达到改善钢材性能目的。根据热处理的目的、加热和冷却方法的不同,热处理工艺大致分类如下:

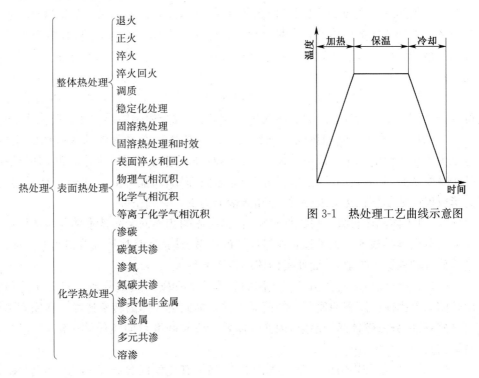

图3-1 热处理工艺曲线示意图

整体热处理
- 退火
- 正火
- 淬火
- 淬火回火
- 调质
- 稳定化处理
- 固溶热处理
- 固溶热处理和时效

表面热处理
- 表面淬火和回火
- 物理气相沉积
- 化学气相沉积
- 等离子化学气相沉积

化学热处理
- 渗碳
- 碳氮共渗
- 渗氮
- 氮碳共渗
- 渗其他非金属
- 渗金属
- 多元共渗
- 溶渗

第一节　钢在加热时的组织转变

一、相 变 点

大多数零件的热处理都是先加热到临界点以上某一温度区间,使其全部或部分得到均匀的奥氏体组织,然后采用适当的冷却方法,获得所需要的组织。

金属材料在加热或冷却过程中,发生相变的温度称为相变点或临界点。铁碳合金相图中 A_1、A_3、A_{cm} 是平衡条件下的相变点。铁碳合金相图中的相变点是在缓慢的加热和冷却条件下测得的,而实际生产中的加热和冷却并不是缓慢的,所以,实际发生组织转变的温度与铁碳合金相图中所示的理论相变点 A_1、A_3、A_{cm} 之间有一定的偏离,如图 3-2 所示。并且随着加热和冷却速度的增加,相变点的偏离将逐渐增大。为了区别钢铁在实际加热和冷却时的相变点,加热时在"A"后加注"c",冷却时在"A"后加注"r"。因此,实际加热时的相变点标注为 A_{c1}、A_{c3}、A_{ccm};实际冷却时的相变点标注为 A_{r1}、A_{r3}、A_{rcm}。

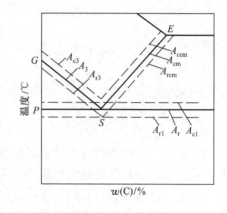

图 3-2 实际加热(冷却)时,Fe-Fe$_3$C 相图上各相变点的位置

二、奥氏体的形成

共析钢的室温组织是珠光体,即铁素体和渗碳体两相组成的机械混合物。铁素体为体心立方晶格,在 A_1 点时碳的质量分数为 0.021 8%;渗碳体为复杂晶格,碳的质量分数为 6.69%。加热到相变点 A_1 以上,珠光体转变为奥氏体,为面心立方晶格,碳的质量分数为 0.77%。珠光体向奥氏体的转变是由化学成分和晶格都不相同的两相,转变为另一种化学成分和晶格的过程,因此,在转变过程中必须进行碳原子的扩散和铁原子的晶格重构,即发生相变。

研究证明:奥氏体的形成是通过形核和晶核长大过程来实现的。珠光体向奥氏体的转变可以分为四个阶段:奥氏体形核、奥氏体晶核长大、残余渗碳体溶解和奥氏体成分均匀化。

(1)奥氏体形核。钢加热到 A_1 时,奥氏体晶核优先在铁素体与渗碳体的相界面上形成,这是由于相界面的原子是以渗碳体与铁素体两种晶格的过渡结构排列的,原子偏离平衡位置处于畸变状态,具有较高的能量;另外,与晶体内部比较,晶界处碳的分布是不均匀的,这些都为形成奥氏体晶核在化学成分、结构和能量上提供了有利条件。

(2)奥氏体晶核长大。奥氏体形核后,奥氏体的相界面会向铁素体与渗碳体两个方向同时长大。奥氏体晶核的长大过程是通过原子的扩散,铁素体晶格逐渐改组为奥氏体晶格,渗碳体连续分解和铁原子扩散,从而使奥氏体晶核逐渐长大。

(3)残余渗碳体溶解。由于渗碳体的晶体结构和碳的质量分数与奥氏体差别较大,因此,渗碳体向奥氏体中溶解的速度必然落后于铁素体向奥氏体的转变速度。在铁素体全部转变完后,仍会有部分渗碳体尚未溶解,因而还需要一段时间继续向奥氏体中溶解,直至全部渗碳体溶解完为止。

(4)奥氏体成分均匀化。奥氏体转变结束时,其化学成分处于不均匀状态,在原来铁素体之处碳的质量分数较低,在原来渗碳体之处碳的质量分数较高。因此,只有继续延长保温时间,通过碳原子的扩散过程才能得到化学成分均匀的奥氏体组织,以便在冷却后得到良好的组织与性能。

图 3-3 为共析钢奥氏体形核及其长大过程示意图。

亚共析钢和过共析钢的奥氏体形成过程基本上与共析钢相同,所不同的是在加热时有过剩相出现。由铁碳合金相图可以看出,亚共析钢的室温组织是铁素体和珠光体,当加热温度处于 $A_{c1}\sim A_{c3}$ 时,珠光体转变为奥氏体,剩余相为铁素体,当加热温度超过 A_{c3} 以上,并保温适当时间,剩余相铁素体全部消失,得到化学成分均匀单一的奥氏体组织;同样,过共析钢的室温组织是渗碳体和珠光体,当加热温度处于 $A_{c1}\sim A_{ccm}$ 时,珠光体转变为奥氏体,剩余相为渗碳体,当加热温度超过 A_{ccm} 以上,并保温适当时间,剩余相渗碳体全部消失,得到化学成分均匀单一的奥氏体组织。

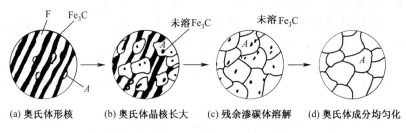

(a) 奥氏体形核　　(b) 奥氏体晶核长大　　(c) 残余渗碳体溶解　　(d) 奥氏体成分均匀化

图 3-3　共析钢奥氏体形核及其长大过程示意图

三、奥氏体晶粒长大及其控制措施

钢材中奥氏体晶粒的大小直接影响到冷却后的组织和性能。奥氏体晶粒细小,则其转变产物的晶粒也较细小,其性能也较好;反之,转变产物的晶粒则粗大,其性能则较差。将钢加热到临界点以上时,刚形成的奥氏体晶粒都很细小。如果继续升温或延长保温时间,便会引起奥氏体晶粒长大。因此,在生产中常采用以下措施来控制奥氏体晶粒的长大。

(1)合理选择加热温度和保温时间。奥氏体形成后,随着加热温度的升高,保温时间的延长,奥氏体晶粒将会长大。特别是加热温度对其影响则更大。这是由于晶粒长大是通过原子扩散进行的,而扩散速度随加热温度的升高而急剧加快。

(2)选用含有合金元素的钢。碳与一种或数种金属元素所构成的化合物,称为碳化物。大多数合金元素,如 Cr、W、Mo、V、Ti、Nb、Zr 等,在钢材中均可以形成难溶于奥氏体的碳化物,分布在晶粒边界上,阻碍奥氏体晶粒长大。

第二节　钢在冷却时的组织转变

同一化学成分的钢材,加热到奥氏体状态后,若采用不同的冷却方法和冷却速度进行冷却,将得到形态不同的组织,从而获得不同的性能,如表 3-1 所示。这种现象已不能用铁碳合金相图解释了。因为铁碳合金相图只能说明平衡状态时的相变规律,冷却速度提高则脱离了平衡状态。因此,研究钢材在冷却时的相变规律,对制定热处理工艺有着重要意义。

表 3-1　$w(C)=0.45\%$ 的非合金钢加热到 840℃,以不同方式冷却后的力学性能分析

冷却方式	σ_b/MPa	σ_s/MPa	δ/%	Ψ/%	HBW
炉内缓冷	530	280	32.5	49.3	160~200
空气冷却	670~720	340	15~18	45~50	170~240
水中冷却	1 000	720	7~8	12~14	52~58 HRC

在一定冷却速度下进行冷却时,奥氏体要过冷到 A_1 温度以下才能完成转变。在共析温度以下存在的奥氏体称为过冷奥氏体,也称亚稳奥氏体,它有较强的相变趋势。

钢在冷却时,可以采取两种冷却转变方式。一是等温转变;二是连续冷却转变,如图 3-4 所示。

等温转变是指工件奥氏体化后,冷却到临界点以下的某一温度区间内等温保持时,过冷奥氏体发生的相变。而连续冷却转变是指工件奥氏体化后以不同的冷却速度连续冷却时过冷奥氏体发生的相变。表3-2是共析钢过冷奥氏体转变温度与转变产物的组织和性能。

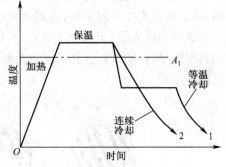

图 3-4 等温冷却曲线和连续冷却曲线

表 3-2 共析钢过冷奥氏体转变温度与转变产物的组织和性能

转变温度范围	过冷程度	转变产物	代表符号	组织形态	层片间距	转变产物硬度（HRC）
A_1～650℃	小	珠光体	P	粗片状	约 0.3 μm	<25
650～600℃	中	索氏体	S	细片状	0.1～0.3 μm	25～35
600～550℃	较大	托氏体	T	极细片状	约 0.1 μm	35～40
550～350℃	大	上贝氏体	$B_上$	羽毛状	—	40～45
350～M_S	更大	下贝氏体	$B_下$	针叶状	—	45～50
M_S～M_f	最大	马氏体	M	板条状	—	40 左右
M_S～M_f	最大	马氏体	M	双凸透镜状	—	>55

采用等温转变可以获得单一的珠光体、索氏体、托氏体、上贝氏体、下贝氏体和马氏体组织。而采用连续冷却转变时,由于连续冷却转变是在一个温度范围内进行,其转变产物往往不是单一的,根据冷却速度的变化,有可能是 P+S、S+T 或 T+M 等。另外,马氏体组织既可以通过等温冷却转变方式获得,也可以通过连续冷却转变方式获得。

第三节 退火与正火

退火与正火是钢材常用的两种基本热处理工艺方法,主要用来热处理钢制毛坯件,为以后切削加工和最终热处理做组织准备,因此,退火与正火通常又称为预备热处理。对一般铸件、焊件以及性能要求不高的工件来讲,退火和正火还可作为最终热处理。

一、退 火

退火是将工件加热到适当温度,保持一定时间,然后缓慢冷却的热处理工艺。其目的是消除钢材内应力;降低钢材硬度,提高钢材塑性;细化钢材组织,均匀钢材化学成分,为最终热处理做好组织准备。根据钢材化学成分和退火目的不同,退火通常分为:完全退火、球化退火、去应力退火等。在机械零件的制造过程中,一般将退火安排在铸造或锻造等工序之后,粗切削加工之前,用来消除前一工序中所产生的某些缺陷,为后续工序做好组织准备。

各种退火工艺与正火工艺的加热温度范围见图 3-5 所示。部分退火工艺曲线与正火工曲线见图 3-6 所示。

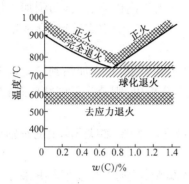

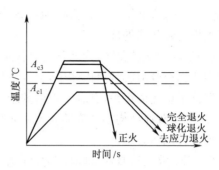

图 3-5　各种退火、正火加热温度范围示意图　　　图 3-6　部分退火、正火工艺曲线示意图

1. 完全退火

完全退火是将工件完全奥氏体化后缓慢冷却,获得接近平衡组织的退火。完全退火后所得到的室温组织为铁素体和珠光体。

完全退火主要用于亚共析钢制作的铸件、锻件、焊件等。过共析钢工件不宜采用完全退火,因为钢材加热到 A_{ccm} 线以上退火后,二次渗碳体以网状形式沿奥氏体晶界析出,使钢材的强度和韧性显著降低,同时也使零件在后续的热处理工序(如淬火)中容易产生淬火裂纹。

2. 球化退火

球化退火是使工件中碳化物球状化而进行的退火,所得到的室温组织为铁素体基体上均匀分布着球状(粒状)碳化物或渗碳体,即球状珠光体组织,如图 3-7 所示。在保温阶段,没有溶解的碳化物会自发地趋于球状(球体表面积最小)化,并在随后的缓冷过程中,球状碳化物会逐渐地长大,最终形成球状珠光体组织。球化退火的目的是降低钢材硬度,改善钢材切削加工性,并为淬火作组织准备。球化退火主要用于过共析钢和共析钢制造的刀具、量具、模具等零件。

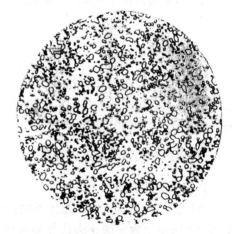

图 3-7　球状珠光体显微组织

3. 去应力退火

去应力退火是为去除工件在塑性形变加工、切削加工或焊接加工过程中造成的内应力及铸件内存在的残余应力而进行的退火。去应力退火主要用于消除工件内的残余应力,并稳定工件的尺寸。钢材在去应力退火的加热及冷却过程中无相变发生。

二、正　火

正火是指工件加热奥氏体化后在空气中冷却的热处理工艺。正火的目的是细化晶粒,提高钢材硬度,消除钢材中的网状碳化物,并为淬火、切削加工等后续工序作组织准备。

正火与退火相比,奥氏体化温度比退火高;冷却速度比退火快,过冷度较大,因此,正火后得到的组织比较细,强度和硬度比退火高一些;同时正火与退火相比具有操作简便、生产周期短、生产效率高、成本低的特点。在生产中正火主要应用于如下场合:

(1)改善切削性能。低碳钢和低合金钢退火后铁素体所占比例较大,硬度偏低,切削加工时有"粘刀"现象,而且表面粗糙度值较大。通过正火能适当提高硬度,改善切削加工性。因此,低碳钢、低合金钢选择正火作为预备热处理;而 $w(C) > 0.5\%$ 的中高碳钢、合金钢一般选择退火作为预备热处理。

(2)消除网状碳化物,为球化退火作组织准备。对于过共析钢,正火加热到 A_{ccm} 以上可使网状碳化物充分溶解到奥氏体中,空气冷却时碳化物来不及析出,则消除了网状碳化物组织,同时细化了珠光体组织,有利于以后的球化处理。

(3)用于普通结构零件或某些大型非合金钢工件的最终热处理,如铁道车辆的车轴采用正火处理代替调质处理。

(4)用于淬火返修件,消除应力,细化组织,防止工件重新淬火时产生变形与开裂。

第四节　淬　火

淬火是指工件加热奥氏体化后以适当方式冷却获得马氏体或(和)贝氏体组织的热处理工艺。淬火时的临界冷却速度是指钢材获得马氏体的最低冷却速度。

马氏体是碳或合金元素在 $\alpha-Fe$ 中的过饱和固溶体,是单相亚稳组织,硬度较高,用符号 M 表示。马氏体的硬度主要取决于马氏体中碳的质量分数。马氏体中由于溶入过多的碳原子,使 $\alpha-Fe$ 晶格发生畸变,增加其塑性变形抗力,故马氏体中碳的质量分数越高,其硬度也越高。

一、淬火目的

淬火的目的主要是使钢件得到马氏体(或贝氏体)组织,提高钢件的硬度和强度,与回火工艺合理配合,获得需要的性能。重要的结构件,特别是在动载荷与摩擦力作用下的零件,以及各种类型的工具都要进行淬火。

二、淬火加热温度与淬火介质

1. 淬火加热温度

不同的钢种其淬火加热温度不同。非合金钢的淬火加热温度可由 $Fe-Fe_3C$ 相图确定,如图 3-8 所示。为了防止奥氏体晶粒粗化,淬火温度不宜选得过高,一般只允许比相变点高 $30\sim50\text{℃}$。

亚共析钢淬火加热温度为 A_{c3} 以上 $30\sim50\text{℃}$,因为在此温度范围内,可获得全部细小的奥氏体晶粒,淬火后得到均匀细小的马氏体组织。若加热温度过高,容易引起奥氏体晶粒粗大,使钢材淬火后的性能变坏;若加热温度过低,则淬火组织中尚有未溶铁素体,使钢材淬火后的硬度不足。

共析钢和过共析钢淬火加热温度为 A_{c1} 以上 $30\sim50\text{℃}$,此时钢材中的组织为奥氏体加渗碳体颗粒,淬火后获得细小马氏体和球状渗碳体,能保证

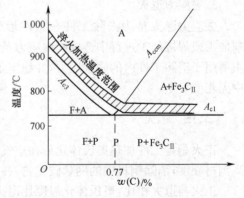

图 3-8　非合金钢淬火加热的温度范围

钢材淬火后得到高硬度和高耐磨性。如果加热温度超过 A_{ccm}，将导致渗碳体消失，奥氏体晶粒会粗化，淬火后得到粗大针状马氏体，残余奥氏体量增多，硬度和耐磨性降低，脆性增大；如果淬火温度过低，可能得到非马氏体组织，则钢材的硬度达不到技术要求。

2.淬火介质

淬火时为了得到足够的冷却速度，以保证奥氏体向马氏体转变，又不致于由于冷却速度过大而引起零件内应力增大，造成零件变形和开裂，应合理选用冷却介质。常用的淬火冷却介质有油、水、盐水、硝盐浴和空气等。

三、淬火方法

根据钢材化学成分及对组织、性能和钢件尺寸精度的要求，在保证技术要求规定的前提下，应尽量选择简便、经济的淬火方法。常用的淬火方法有：单液淬火、双液淬火、马氏体分级淬火和贝氏体等温淬火

(1)单液淬火。它是将已奥氏体化的钢件在一种淬火介质中冷却的方法，如图3-9曲线①所示。例如，低碳钢和中碳钢在水中淬火，合金钢在油中淬火等。单液淬火主要应用于形状简单的钢件。

(2)双液淬火。它是将工件加热奥氏体化后先浸入冷却能力强的介质中，在组织即将发生马氏体转变时立即转入冷却能力弱的介质中冷却的方法，称为双液淬火，如图3-9曲线②所示。例如，先将工件在水中冷却，后在油中冷却的双液淬火。双液淬火主要适用于中等复杂形状的高碳钢工件和较大尺寸的合金钢工件。

(3)马氏体分级淬火。工件加热奥氏体化后浸入温度稍高于或稍低于 M_S 点的盐浴或碱浴中，保持适当时间，在工件整体达到冷却介质温度后取出空冷以获得马氏体组织的淬火方法，称为马氏体分级淬火，如图3-9曲线③所示。马氏体分级淬火能够减小工件中的热应力，并缓和相变时产生的组织应力，减少淬火变形。马氏体分级淬火适用于尺寸较小、形状复杂的工件。

(4)贝氏体等温淬火。工件加热奥氏体化后快冷到贝氏体转变温度区间等温保持，使奥氏体转变为贝氏体的淬火，如图3-9曲线④所示。贝氏体等温淬火的特点是工件在淬火后，工件的淬火应力与淬火变形较小，工件具有较高的韧性、塑性、硬度和耐磨性。贝氏体等温淬火用于处理各种中碳钢、高碳钢和合金钢制造的小型复杂工件。

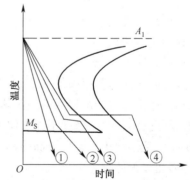

①单液淬火；②双液淬火；
③马氏体分级淬火；④贝氏体等温淬火

图3-9　常用淬火方法工艺曲线示意图

第五节　回　　火

回火是指工件淬硬后，加热到 A_{c1} 以下的某一温度，保温一定时间，然后冷却到室温的热处理工艺。淬火钢的组织主要由马氏体和少量残余奥氏体组成(有时还有未溶碳化物)，其内部存在很大的内应力，脆性大，韧性低，一般不能直接使用，如不及时消除，将会引起工件的变形，甚至开裂。回火的目的就是消除和减小内应力，稳定组织，调整工件的性能以获得合适的

强度和韧性配合。回火是在淬火之后进行的,通常也是零件进行热处理的最后一道工序。

一、钢材在回火时组织和性能的变化

钢材淬火后获得的马氏体与残余奥氏体都是不稳定组织,它们有自发向稳定组织转变的趋势,如马氏体中过饱和的碳要析出、残余奥氏体要分解等。回火就是为了促进这种转变,因为回火是一个由非平衡组织向平衡组织转变的过程,这个过程是依靠原子的迁移和扩散进行的,所以,回火温度越高,扩散速度越快;反之,扩散速度越慢。

随着回火温度的升高,淬火组织将发生一系列变化,回火时的组织转变过程一般分为四个阶段:马氏体分解、残余奥氏体分解、碳化物转变、碳化物的聚集长大与铁素体的再结晶。由图 3-10 可以看出,淬火钢材随着回火温度的升高,强度与硬度降低而塑性与韧性提高。

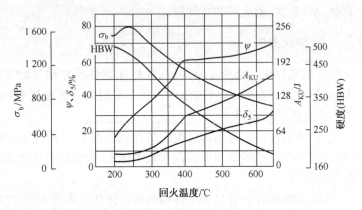

图 3-10   40 钢回火后其力学性能与温度关系

二、回火方法及其应用

回火是最终热处理,根据钢材在回火过程中的温度范围,可将回火分为三种:低温回火、中温回火和高温回火。

1. 低温回火

低温回火的温度范围是在 250℃以下。经低温回火后钢获得的组织为回火马氏体(M')。回火马氏体是过饱和度较低的马氏体和极细微碳化物的混合组织。回火马氏体保持了淬火组织的高硬度和耐磨性,降低了淬火应力,减小了钢的脆性。经低温回火后钢的硬度一般为58~62 HRC。低温回火主要用于高碳钢、合金工具钢制造的刀具、量具、冷作模具、滚动轴承及渗碳件、表面淬火件等。

2. 中温回火

中温回火的温度范围是在 250~450℃之间。淬火钢经中温回火后获得的组织为回火托氏体(T')。回火托氏体是铁素体基体内分布着细小粒状(或片状)碳化物的混合组织。经中温回火降低了淬火应力,使工件获得高弹性极限和高屈服强度,并具有一定的韧性,钢的硬度一般为 35~50HRC。中温回火主要用于处理弹性元件,如各种卷簧、板簧、弹簧钢丝等。有些受小能量多次冲击载荷的结构件,为了提高小能量多次冲击抗力,也采用中温回火。

3. 高温回火

高温回火的温度范围是在 500℃以上。淬火钢经高温回火后获得的组织为回火索氏体(S')。回火索氏体是铁素体基体上分布着粒状碳化物的混合组织。经高温回火后,钢的淬火应力完全消除,强度较高,塑性和韧性提高,具有良好的综合力学性能,钢的硬度一般为 200~330 HBW。另外,钢件淬火加高温回火的复合热处理工艺又称为调质处理,它主要用于处理轴类、连杆、螺栓、齿轮等工件。同时,钢件经过调质处理后,不仅具有较高的强度和硬度,而且塑性和韧性也明显比经正火处理后高,因此,一些重要的零件一般都采用调质处理,而不采用正火处理。

调质处理一般作为最终热处理,但由于调质处理后,钢的硬度不高,便于切削加工,并能得到较好的表面质量,故也作为表面淬火和化学热处理的预备热处理。

第六节 表面热处理与化学热处理

生产中有些零件如齿轮、花键轴、活塞销等,要求表面具有高硬度和高耐磨性,心部具备一定的强度和足够的韧性。在这种情况下,要达到上述要求,单从材料方面去解决是很困难的。如果选用高碳钢,淬火后虽然硬度很高,但心部韧性不足,不能满足特殊需要;如果采用低碳钢,虽然心部韧性好,但表面硬度和耐磨性均较低,也不能满足特殊需要。这时就需要考虑对零件进行表面热处理或化学热处理,以满足上述特殊要求。

一、表面热处理

表面热处理是为改变工件表面的组织和性能,仅对其表面进行热处理的工艺。其中表面淬火是最常用的表面热处理。表面淬火是指仅对工件表层进行淬火的工艺。其目的是使工件表面获得高硬度和高耐磨性,而心部保持较好的塑性和韧性,以提高其在扭转、弯曲等循环应力或在摩擦、冲击、接触应力等工作条件下的使用寿命。表面淬火不改变工件表面化学成分,而是采用快速加热方式,使工件表层迅速奥氏体化,使心部仍处于相变点以下,并随之淬火,从而使工件表面硬化。按加热方法的不同,表面淬火方法主要有:感应加热表面淬火、火焰加热表面淬火、接触电阻加热表面淬火及电解液加热表面淬火等。目前生产中应用最多的是感应加热表面淬火。

1. 感应加热表面淬火

利用感应电流通过工件所产生的热效应,使工件表面、局部或整体加热并进行快速冷却的淬火工艺称为感应加热淬火。

(1)感应加热基本原理。当将一个用薄壁纯铜管制作的感应器(或线圈)通以交流电流时,就会在感应器内部和周围产生与电流频率相同的交变磁场。此时如果将工件置于交变磁场中,工件受交变磁场的影响,将产生与感应器频率相同的、交变的、电流方向相反的感应电流,并在工件中形成一闭合回路,称为"涡流"。但是,涡流在工件内的分布是不均匀的,其中表面的涡流密度大,心部的涡流密度小。通入感应器线圈的电流频率越高,涡流越集中于工件的表层,这种现象称为"集肤效应"。依靠感应电流产生的热效应,可以使工件表层在几秒钟内快速加热到淬火温度,然后迅速喷水冷却,就可以淬硬工件表层,这就是感应加热表面淬火的基本原理,如图 3-11 所示。

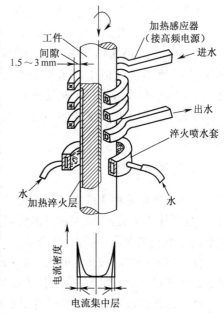

图 3-11 感应加热表面淬火示意图

(2)感应加热表面淬火的特点。感应加热表面淬火具有加热时间短,工件基本无氧化和脱碳现象,工件变形小;工件表面经感应加热淬火后,在淬硬的表面层中存在较大的残余压应力,可以提高工件的疲劳强度;生产率高,易实现机械化、自动化,适于大批量生产。

(3)感应加热表面淬火的应用。感应加热表面淬火主要用于中碳钢和中碳合金钢制造的工件,如40钢、45钢、40Cr钢、40MnB钢等。淬火时工件表面加热深度主要取决于电流频率。生产上通过调节不同的电流频率来满足不同要求的淬硬层深度。

根据电流频率不同,感应加热表面淬火分为三类:高频感应加热表面淬火、中频感应加热表面淬火和工频感应加热表面淬火。表3-3为感应加热表面淬火的应用。

表 3-3　感应加热表面淬火的应用

分 类	频率范围/kHz	淬火深度/mm	适 用 范 围
高频感应加热表面淬火	50～300	0.3～2.5	中小型轴、销、套等圆柱形零件,小模数齿轮
中频感应加热表面淬火	1～10	3～10	尺寸较大的轴类,大、中模数齿轮
工频感应加热表面淬火	50	10～20	大型零件(>φ300)表面淬火或棒料穿透加热

感应加热表面淬火后,需要进行低温回火。生产中有时采用自回火法,即当淬火冷至200℃左右时,停止喷水,利用工件中的余热量达到回火目的。

一般感应加热表面淬火零件的加工工艺路线是:毛坯锻造(或轧材下料)→退火或正火→粗加工→调质→精加工→感应加热表面淬火→低温回火→磨削加工。

2. 火焰加热表面淬火

火焰加热表面淬火是利用乙炔和氧或其他可燃气燃烧的火焰对工件表层进行加热,随之快速冷却的淬火工艺,如图3-12所示。

火焰加热表面淬火的淬硬层深度一般为2～6 mm,若淬硬层过深,往往会引起工件表面产生过热,甚至产生变形与裂纹。火焰加热表面淬火操作简便,不需要特殊设备,生产成本低。但工件表面容易过热,质量难以控制,生产率低,因此,应用范围受到一定限制。火焰加热表面淬火主要用于单件或小批量生产的各种齿轮、轴、轧辊等。

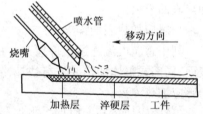

图 3-12　火焰加热表面淬火示意图

二、化学热处理

化学热处理是将工件置于适当的活性介质中加热、保温,使一种或几种元素渗入到它的表层,以改变其化学成分、组织和性能的热处理工艺。化学热处理与表面淬火相比,其特点是表层不仅有组织的变化,而且有化学成分的变化。

化学热处理方法很多,通常以渗入元素来命名,如渗碳、渗氮、碳氮共渗、渗硼、渗硅、渗金属等。由于渗入元素的不同,工件表面处理后获得的性能也不相同。渗碳、渗氮、碳氮共渗是以提高工件表面硬度和耐磨性为主;渗金属的主要目的是提高耐腐蚀性和抗氧化性等。

化学热处理由分解、吸收和扩散三个基本过程组成,即渗入介质在高温下通过化学反应进行分解,形成渗入元素的活性原子;渗入元素的活性原子被钢件表面吸附,进入晶格内形成固溶体或形成化合物;被吸附的渗入原子由钢件表层逐渐向内扩散,形成一定深度的扩散层。目前在机械制造业中,最常用的化学热处理是渗碳、渗氮和碳氮共渗。

1.渗碳

为提高工件表层碳的质量分数并在其中形成一定的碳含量梯度,将工件在渗碳介质中加热、保温,使碳原子渗入的化学热处理工艺称为渗碳。

渗碳所用钢种一般是碳的质量分数为0.10%～0.25%的低碳钢和低合金钢,如15钢、20钢、20Cr钢、20CrMnTi钢等。钢件经渗碳后,都要进行淬火和低温回火,使工件表面获得高硬度(56～64HRC)、高耐磨性和高疲劳强度,而心部仍保持一定的强度和良好的韧性。渗碳工艺广泛用于要求表面硬而心部韧的工件上,如齿轮、凸轮轴、活塞销等。

根据渗碳介质的物理状态不同,渗碳可分为气体渗碳、固体渗碳和液体渗碳,其中气体渗碳应用最广泛。气体渗碳是工件在气体渗碳介质中进行的渗碳工艺。它是将工件放入密封的加热炉中(如井式气体渗碳炉),通入气体渗碳剂进行渗碳的,如图3-13所示。

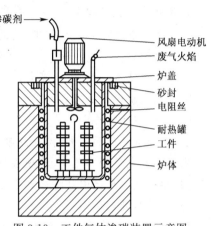

图3-13 工件气体渗碳装置示意图

一般渗碳零件的加工工艺路线是:毛坯锻造(或轧材下料)→正火→粗加工、半精加工→渗碳→淬火→低温回火→精加工(磨削加工)。

2.渗氮

在一定温度下于一定介质中,使氮原子渗入工件表层的化学热处理工艺称为渗氮。渗氮的目的是为了提高工件表层的硬度、耐磨性、热硬性、耐腐蚀性和疲劳强度。

渗氮处理广泛用于各种高速传动的精密齿轮、高精度机床主轴、循环应力作用下要求高疲劳强度的零件(如高速柴油机曲轴)以及要求变形小和具有一定耐热、抗腐蚀能力的耐磨零件(如阀门)等。但是渗氮层薄而脆,不能承受冲击和震动;而且渗氮处理生产周期长,生产成本较高。钢件渗氮后不需淬火就可达到68～72 HRC的硬度,目前常用的渗氮方法主要有气体渗氮和离子渗氮两种。

零件不需要渗氮的部分应镀锡或镀铜保护,也可留1 mm的余量,在渗氮后磨去。

一般渗氮工件的加工工艺路线是:毛坯锻造→退火→粗加工→调质→精加工→去应力退火→粗磨→镀锡(非渗氮面)→渗氮→精磨或研磨。

3.碳氮共渗

在奥氏体状态下同时将碳、氮原子渗入工件表层,并以渗碳为主的化学热处理工艺称为碳氮共渗。根据共渗温度不同,碳氮共渗可分为低温(520～580℃)碳氮共渗、中温(760～880℃)碳氮共渗和高温(900～950℃)碳氮共渗。碳氮共渗的主要目的是提高工件表层的硬度和耐磨性。

思 考 题

一、名词解释

1.等温转变;2.连续冷却转变;3.马氏体;4.退火;5.正火;6.淬火;7.回火;8.表面热处理;9.渗碳;10.渗氮。

金 属 工 艺 学

二、填 空 题

1. 整体热处理分为_____、_____、_____和_____等。

2. 根据加热方法的不同,表面淬火方法主要有:_____表面淬火、_____表面淬火、_____表面淬火、_____表面淬火等。

3. 化学热处理方法较多,通常以渗入元素命名,如_____、_____、_____和_____等。

4. 热处理工艺过程由_____、_____和_____三个阶段组成。

5. 共析钢在等温转变过程中,其高温转变产物有:_____、_____和_____。

6. 贝氏体分_____和_____两种。

7. 淬火方法有:_____淬火、_____淬火、_____淬火和_____淬火等。

8. 常用的退火方法有:_____、_____和_____等。

9. 常用的冷却介质有_____、_____、_____等。

10. 感应加热表面淬火,按电流频率的不同,可分为_____、_____和_____三种。而且感应加热电流频率越高,淬硬层越_____。

11. 按回火温度范围可将回火分为_____回火、_____回火和_____回火三种。

12. 化学热处理是由_____、_____和_____三个基本过程所组成。

13. 根据渗碳介质的物理状态不同,渗碳方法可分为_____渗碳、_____渗碳和_____渗碳三种。

三、选 择 题

1. 过冷奥氏体是_____温度下存在,尚未转变的奥氏体。

    A. M_s B. M_f C. A_1

2. 过共析钢的淬火加热温度应选择在_____,亚共析钢的淬火加热温度则应选择在_____。

    A. $A_{c1} + (30 \sim 50)℃$ B. A_{ccm} 以上   C. $A_{c3} + (30 \sim 50)℃$

3. 调质处理就是_____的热处理。

    A. 淬火+低温回火   B. 淬火+中温回火   C. 淬火+高温回头

4. 化学热处理与其它热处理方法的基本区别是_____。

    A. 加热温度   B. 组织变化   C. 改变表面化学成分

5. 零件经渗碳后,一般需经_____处理,才能达到表面高硬度和高耐磨性。

    A. 淬火+低温回火   B. 正火   C. 调质

四、判 断 题

1. 钢件经淬火后,钢随回火温度的增高,其强度和硬度也增高。( )

2. 钢中碳的质量分数越高,其淬火加热温度越高。( )

3. 高碳钢可用正火代替退火,以改善其切削加工性。( )

4. 奥氏体形成后,随着加热温度的升高,保温时间的延长,奥氏体晶粒将会长大。( )

5. 淬火钢经中温回火后获得的组织为回火索氏体(T')。( )

五、简 答 题

1. 指出 A_{c1}、A_{c3}、A_{ccm}；A_{r1}、A_{r3}、A_{rcm} 及 A_1、A_3、A_{cm} 之间的关系。

2. 简述共析钢过冷奥氏体在 $A_1 \sim M_f$ 温度之间,不同温度等温时的转变产物及性能。

3. 奥氏体、过冷奥氏体与残余奥氏体三者之间有何区别?

4. 完全退火、球化退火与去应力退火在加热温度、室温组织和应用上有何不同?

5. 正火与退火有何异同? 试说明二者的应用有何不同?

6. 今有经退火后的 45 钢,室温组织为 F+P,分别加热到 700、760、840℃,保温一段时间后水冷,各得到什么组织?

7. 淬火的目的是什么? 亚共析钢和过共析钢的淬火加热温度应如何选择?

8. 回火的目的是什么? 工件淬火后为什么要及时回火?

9. 叙述常见的三种回火方法所获得的室温组织、性能及其应用。

10. 渗碳的目的是什么? 为什么钢件渗碳后要进行淬火和低温回火?

11. 用低碳钢(20 钢)和中碳钢(45 钢)制造齿轮,为了获得表面具有高硬度和高耐磨性,心部具有一定的强度和韧性,各需采取怎样的热处理工艺?

六、课外讨论

通过实例谈谈热处理在日常生活和生产中的应用,分析零件材质、热处理工艺及零件所需性能之间的关系,提高自己对实际问题的分析能力,加深对所学知识的理解。

第四章

钢材的牌号及应用

钢材按化学成分可分为非合金钢、低合金钢和合金钢三大类。非合金钢是指以铁为主要元素,碳的质量分数一般在 2% 以下并含有少量其他元素的金属材料。非合金钢具有价格低、工艺性能好、力学性能可以满足一般使用要求的优点,是工业生产中用量较大的金属材料。为了改善钢的某些性能或使之具有某些特殊性能(如耐腐蚀、抗氧化、耐磨、热硬性、高淬透性等),在炼钢时有意加入的元素,称为合金元素。含有一种或数种有意添加的合金元素的钢,称为合金钢。

第一节 杂质元素对钢材性能的影响

实际生产中使用的钢材,除含有碳元素和合金元素之外,还含有少量的硅、锰、硫、磷、氢等元素,这些元素的存在对于钢材的组织和性能都有一定的影响,它们通称为杂质元素。

1. 硅元素的影响

硅是作为脱氧剂带进钢中的。硅元素的脱氧能力比锰元素强,它可以防止形成 FeO,改善钢材的冶炼质量;硅能溶于铁素体中,并使铁素体强化,从而提高钢的强度、硬度和弹性,但硅元素降低钢的塑性和韧性。在硅的含量不高时,对钢的性能影响不大,总体来说是有益元素。

2. 锰元素的影响

锰是炼钢时用锰铁脱氧后残留在钢中的杂质元素。锰具有一定的脱氧能力,能把钢中的 FeO 还原成铁,改善钢的冶炼质量;锰还可以与硫化合成 MnS,以减轻硫的有害作用,降低钢的脆性,改善钢的热加工性能;锰能大部分溶解于铁素体中,形成置换固溶体,并使铁素体强化,提高钢的强度和硬度。一般来说,锰也是钢中的有益元素。

3. 硫元素的影响

硫是在炼钢时由矿石和燃料带进钢中的,而且在炼钢时难以除尽。总的来说,硫是钢中有害杂质元素。在固态下硫不溶于铁,而以 FeS 的形式存在。FeS 与 Fe 能形成低熔点的共晶体 (Fe+FeS),其熔点为 985℃,并且分布在晶界上。当钢在 1 000～1 200℃ 进行热压力加工时,由于共晶体熔化,从而导致钢在热加工时开裂,这种现象称为"热脆"。因此,钢材中硫的质量分数必须严格控制,我国一般控制在 0.050% 以下。但在易切削钢中可适当提高硫的质量分数,其目的在于提高钢材的切削加工性。此外,硫对钢材的焊接性有不良的影响,容易导致焊缝产生热裂,产生气孔和疏松。

4. 磷元素的影响

磷是由矿石带入钢材中的。一般来说,磷在钢材中能全部溶于铁素体中,提高铁素体的强度和硬度。但在室温下却使钢的塑性和韧性急剧下降,产生低温脆性,这种现象称为冷脆。一一般来说,磷是钢材中的有害元素,钢材中磷的质量分数即使只有千分之几,也会因析出脆性化合物 Fe_3P 而使钢材的脆性增加,特别是在低温时更为显著,因此,要限制磷的质量分数。但在易切削钢材中可适当提高磷的质量分数,脆化铁素体,改善钢材的切削加工性。此外,钢材中加入适量的磷还可以提高钢材的耐大气腐蚀性能,尤其是在钢加入适量的铜元素时,其耐大气腐蚀性能则更为显著。

5.非金属夹杂物的影响

在炼钢过程中,由于少量炉渣、耐火材料及冶炼中的反应物进入钢液中,从而在钢材中形成非金属夹杂物,如氧化物、硫化物、硅酸盐、氮化物等。这些非金属夹杂物都会降低钢的力学性能,如降低塑性、韧性及疲劳强度等。严重时还会使钢材在热加工与热处理过程中产生裂纹,或使用时造成钢材突然脆断。非金属夹杂物也促使钢材形成热加工纤维组织与带状组织,使钢材具有各向异性,严重时横向塑性仅为纵向塑性的一半。因此,对重要用途的钢材,如弹簧钢、滚动轴承钢、渗碳钢等,需要检查非金属夹杂物的数量、形状、大小与分布情况,并按相应的等级标准进行评定。

此外,钢材在整个冶炼过程中,与空气接触,因而钢液中会吸收一些气体,如氮、氧、氢等。这些气体对钢材的质量也会产生不良的影响。尤其是氢对钢材的危害很大,它使钢材变脆(称氢脆),也可使钢材产生微裂纹(称白点),严重影响钢材的力学性能。

第二节　非合金钢的分类、牌号及用途

非合金钢的种类较多,为了便于生产、选用和储运,需要按一定标准对钢材进行分类。非合金钢的分类方法有多种,常用的分类方法有以下几种:

一、按非合金钢碳的质量分数分类

1.低碳钢

低碳钢是指碳的质量分数 $w(C)<0.25\%$ 的铁碳合金,如 08 钢、10 钢、15 钢、20 钢和 25 钢等。

2.中碳钢

中碳钢是指碳的质量分数 $w(C)=0.25\%\sim0.60\%$ 的铁碳合金,如 30 钢、35 钢、40 钢、45 钢、50 钢、55 钢、60 钢等。

3.高碳钢

高碳钢是指碳的质量分数 $w(C)>0.60\%$ 的铁碳合金,如 65 钢、70 钢、75 钢、80 钢、85 钢、T7 钢、T8 钢、T10 钢、T12 钢等。

二、按非合金钢主要质量等级和主要性能或使用特性分类

非合金钢按主要质量等级分为:普通质量非合金钢、优质非合金钢和特殊质量非合金钢。

1.普通质量非合金钢

普通质量非合金钢是指对生产过程中控制质量无特殊规定的一般用途的非合金钢。应用时满足下列条件:钢为非合金化的;不规定热处理;如产品标准或技术条件中有规定,其特性值(最高值和最低值)应达规定值;未规定其他质量要求。

普通质量非合金钢主要包括:一般用途碳素结构钢,如 GB 700 规定中的 A、B 级钢;碳素钢筋钢;铁道用一般碳素钢,如轻轨和垫板用碳素钢;一般钢板桩型钢。

2.优质非合金钢

优质非合金钢是指除普通质量非合金钢和特殊质量非合金钢以外的非合金钢,在生产过程中需要特别控制质量(例如,控制晶粒度,降低硫、磷含量,改善表面质量或增加工艺控制等),以达到比普通质量非合金钢特殊的质量要求(如良好的抗脆断性能,良好的冷成形性等),但这种钢生产控制不如特殊质量非合金钢严格。

优质非合金钢主要包括:机械结构用优质碳素钢,如 GB 699 规定中的优质碳素结构钢中的低碳钢和中碳钢;工程结构用碳素钢,如 GB 700 规定的 C、D 级钢;冲压薄板的低碳结构钢;镀层板、带用碳素钢;锅炉和压力容器用碳素钢;造船用碳素钢;铁道用优质碳素钢,如重轨用碳素钢;焊条用碳素钢;冷锻、冷冲压等冷加工用非合金钢;非合金易切削结构钢;电工用非合金钢板、带;优质铸造碳素钢。

3.特殊质量非合金钢

特殊质量非合金钢是指在生产过程中需要特别严格控制质量和性能(例如,控制淬透性和纯洁度)的非合金钢。此类钢应符合下列条件,钢材要经热处理并至少具有下列一种特殊要求的非合金钢(包括易切削钢和工具钢);例如,要求淬火和回火状态下的冲击性能;有效淬硬深度或表面硬度;限制表面缺陷;限制钢中非金属夹杂物含量和(或)要求内部材质均匀性;限制磷和硫的含量[成品 $w(P) \leqslant 0.025\%$,$w(S) \leqslant 0.025\%$];限制残余元素 Cu、Co、V 的最高含量等方面的要求。

特殊质量非合金钢主要包括:保证淬透性非合金钢;保证厚度方向性能非合金钢;铁道用特殊非合金钢,如车轴坯、车轮、轮箍钢;航空、兵器等专业用非合金结构钢;核能用的非合金钢;特殊焊条用非合金钢;碳素弹簧钢;特殊盘条钢及钢丝;特殊易削钢;碳素工具钢和中空钢;电磁纯铁;原料纯铁。

三、按非合金钢的用途分类

非合金钢按用途可分为碳素结构钢、碳素工具钢等。

1.碳素结构钢

碳素结构钢是指主要用于制造各种机械零件和工程结构件的钢。其碳的质量分数一般都小于 0.70%。此类钢常用于制造齿轮、轴、螺母、弹簧等机械零件,用于制作桥梁、船舶、建筑等工程结构件。

2.碳素工具钢

碳素工具钢是指主要用于制造工具(如刃具、模具、量具等)的钢。其碳的质量分数一般都大于 0.70%。

此外,钢材还可以从其他角度进行分类,如按专业(如锅炉用钢、桥梁用钢、矿用钢等)、按冶炼方法进行分类等。

四、非合金钢的牌号及用途

世界各国都根据国情制定科学、简明的钢铁分类表示方法,通常都采用"牌号"来表示具体的钢铁材料,而且通过牌号(或钢号)一般能大致了解钢铁的类别、化学成分、冶金质量、性能特点、热处理工艺方法和用途等信息。

1.普通质量非合金钢

普通质量非合金钢中使用最多是碳素结构钢。碳素结构钢的牌号是由"屈服强度字母、屈服强度数值、质量等级符号、脱氧方法"四部分按顺序组成。质量等级分 A、B、C、D 四级,从左至右质量依次提高。屈服强度的字母以"屈"字汉语拼音字首"Q"表示;脱氧方法用 F、Z、TZ 分别表示沸腾钢、镇静钢、特殊镇静钢。在牌号中"Z"可以省略。例如,Q235-A·F,表示屈服点大于 235 MPa(板材厚度小于 16 mm 时),质量为 A 级的沸腾碳素结构钢。碳素结构钢的牌号、质量等级、化学成分、力学性能见表 4-1。

表 4-1 碳素结构钢的牌号、化学成分和力学性能(板材厚度小于 16 mm)

牌号	质量等级	化学成分	力学性能(不小于)			脱氧方法
		$w(C)/\%$	R_{eH}/MPa	R_m/MPa	$A/\%$	
Q195		0.06~0.12	(195)	315~390	33	F、b、Z
Q215A	A	0.09~0.15	215	335~410	31	F、b、Z
Q215B	B	0.09~0.15	215	335~410	31	F、b、Z
Q235A	A	0.14~0.22	235	375~460	26	F、b、Z
Q235B	B	0.12~0.20	235	375~460	26	F、b、Z
Q235C	C	≤0.18	235	375~460	26	Z
Q235D	D	≤0.17	235	375~460	26	TZ
Q275A	A	≤0.24	275	410~540	22	Z
Q275B	B	≤0.21	275	410~540	22	Z
Q275C	C	≤0.20	275	410~540	22	Z

Q195 系列和 Q215 系列常用于制作薄板、焊接钢管、铁丝、铁钉、铆钉、垫圈、地脚螺栓、冲压件、屋面板、烟囱等;Q235 系列常用于制作薄板、中厚板、型钢、钢筋、钢管、铆钉、螺栓、连杆、小轴、法兰盘、机壳、桥梁与建筑结构件、焊接结构件等;Q255 系列和 Q275 系列常用于制作要求高强度的拉杆、连杆、键、轴、销钉等。

2. 优质非合金钢

优质非合金钢中使用最多是优质碳素结构钢。优质碳素结构钢的牌号用两位数字表示,两位数字表示钢的平均碳的质量分数的万分之几(以 0.01% 为单位),如 45 钢表示平均碳的质量分数为 0.45% 的优质碳素结构钢;08 钢表示平均碳的质量分数为 0.08% 的优质碳素结构钢。

对于为沸腾钢,则在数字后分别加"F"表示,如 08F 钢等。优质碳素结构钢的牌号、化学成分、力学性能和用途见表 4-2。

(1)冷冲压钢。冷冲压钢碳的质量分数低,塑性好,强度低,焊接性能好,主要用于制作薄板、冷冲压零件和焊接件,常用的钢种有 08 钢、10 钢和 15 钢。

(2)渗碳钢。渗碳钢强度较低,塑性和韧性较高,冷冲压性能和焊接性能较好,主要用于制作各种受力不大但要求较高韧性的零件,如焊接容器与焊接件、螺钉、杆件、轴套、冷冲压件等。这类钢经渗碳淬火后,表面硬度可达 60 HRC 以上,表面耐磨性较好,而心部具有一定的强度和良好的韧性,可用于制造要求表面硬度高、耐磨,并承受冲击载荷的零件,常用的钢种有 15 钢、20 钢、25 钢等。

(3)调质钢。调质钢经过热处理后具有良好的综合力学性能,主要用于制作要求强度、塑性、韧性都较高的零件,如齿轮、套筒、轴类等零件。调质钢在机械制造中应用广泛,常用的钢种有 30 钢、35 钢、40 钢、45 钢、50 钢、55 钢等。

表 4-2　优质碳素结构钢的化学成分、力学性能和用途

钢号		力 学 性 能					应 用 举 例
	$w(C)$	R_m /MPa	R_{eL} /MPa	A /%	Z /%	A_{KU} /J	
		不小于					
08	0.05~0.12	325	195	33	60	—	塑性好,适合制作高韧性的冲击件、焊接件、紧固件,如螺栓、螺母、垫圈等,渗碳淬火后可制造强度不高的耐磨件,如凸轮、滑块、活塞销等
10	0.07~0.14	335	205	31	55	—	
15	0.12~0.19	375	225	27	55	—	
20	0.17~0.24	410	245	25	55	—	
25	0.22~0.30	450	275	23	50	71	
30	0.27~0.35	490	295	21	50	63	综合力学性能较好,适合制作负荷较大的零件,如连杆、曲轴、主轴、活塞杆(销)、表面淬火齿轮、凸轮等
35	0.32~0.40	530	315	20	45	55	
40	0.37~0.45	570	335	19	45	47	
45	0.42~0.50	600	355	16	40	39	
50	0.47~0.55	630	375	14	40	31	
55	0.52~0.60	645	380	13	35	—	
60	0.57~0.65	675	400	12	35	—	屈服点高,硬度高,适合制作弹性零件(如各种螺旋弹簧、板簧等)以及耐磨零件(如轧辊、钢丝绳、偏心轮等)
65	0.62~0.70	695	410	10	30	—	
70	0.67~0.75	715	420	9	30	—	
80	0.77~0.85	1080	930	6	30	—	
85	0.82~0.90	1130	980	6	30	—	

(4)弹簧钢。弹簧钢经热处理后可获得较高的弹性极限,主要用于制造尺寸较小的弹簧、弹性零件及耐磨零件,如机车车辆及汽车上的螺旋弹簧、板弹簧、气门弹簧、弹簧发条等,常用的钢种有 60 钢、65 钢、70 钢、75 钢、80 钢、85 钢等。

五、其他专用优质非合金钢

在优质碳素结构钢基础上还发展了一些专门用途的钢,如易切削结构钢、锅炉用钢、焊接用钢丝、矿用钢、钢轨钢、桥梁钢等,这些专用钢在钢号的首部或尾部用专用符号标明其用途,常见的表示专用钢用途的符号见表 4-3。例如,25MnK 即表示在 25Mn 钢的基础上发展起来的矿用钢,钢中平均碳的质量分数为 0.25%,锰的质量分数较高。

1. 易切削结构钢

易切削结构钢是钢中加入一种或几种元素,利用其本身或与其他元素形成一种对切削加工有利的夹杂物,改善钢材切削加工性的专用钢。易切削结构钢的牌号以"Y+数字"表示,Y是"易"字汉语拼音首位字母,数字为钢中平均碳的质量分数的万分之几,如 Y12 表示其平均碳的质量分数为 0.12% 的易切削结构钢。目前在易切削结构钢中常用加入的元素是:硫(S)、磷(P)、铅(Pb)、钙(Ca)、硒(Se)、碲(Te)等,如 Y40Ca 钢适合于高速切削加工,比 45 钢提高生

产效率一倍以上,节省工时,可用来制造齿轮轴、花键轴等零件。

表 4-3　常用表示钢号用途的符号

名　　称	汉字	符号	在钢号中的位置	名　　称	汉字	符号	在钢号中的位置
易切削结构钢	易	Y	头	矿用钢	矿	K	尾
钢轨钢	轨	U	头	桥梁用钢	桥	q	尾
焊接用钢	焊	H	头	锅炉用钢	锅	g	尾
塑料模具钢	塑模	SM	头	压力容器用钢	容	R	尾
非调质机械结构钢	非	YF	头	低温压力容器用钢	低容	DR	尾
车辆车轴用钢	辆轴	LZ	头	焊接气瓶用钢	焊瓶	HP	尾
滚珠轴承钢	滚	G	头	汽车大梁用钢	梁	L	尾
电工用冷轧硅钢	电	D	头	耐候钢	耐候	NH	尾

目前,易切削结构钢主要用于制造受力较小、不太重要的大批生产的标准件,如螺钉、螺母,垫圈、垫片,缝纫机、计算机和仪表用零件等。此外,还用于制造炮弹的弹头、炸弹壳等,使之在爆炸时碎裂成更多的弹片来杀伤敌人。常用易切削结构钢有:Y12 钢、Y20 钢、Y30 钢、Y35 钢、Y40Mn 钢、Y40Ca 钢等。

2.锅炉用钢

锅炉用钢是在优质碳素结构钢的基础上发展起来的专门用于制作锅炉构件的钢种,如20g 钢、22g 钢、16Mng 钢等。锅炉用钢要求化学成分与力学性能均匀,经过冷成形后在长期存放和使用过程中,仍能保证足够高的韧性。

3.焊接用钢丝

焊接用钢丝(焊芯、实芯焊丝)牌号用"H"表示,"H"后面的一位或两为数字表示碳的质量分数的万分数;化学符号及其后面的数字表示该元素平均质量分数的百分数(若含量小于1%,则不标明数字);"A"表示优质(即焊接用钢丝中 S、P 含量比普通钢丝低);"E"表示高级优质(即焊接用钢丝中 S、P 含量比普通钢丝更低)。例如,H08MnA 中,H 表示焊接用钢丝,08 表示碳的质量分数为 0.08%,Mn 表示锰的质量分数为 1%,A 表示优质焊接用钢丝。常用焊接用钢丝有:H08、H08E、H08MnA、H08Mn2、H10MnSi 等。

4.一般工程用铸造碳钢

生产中有许多复杂形状的零件,很难用锻压等方法成形,用铸铁铸造又难以满足力学性能要求,这时常选用一般工程用铸造碳钢采用铸造成形方法来获得铸钢件。一般工程用铸造碳钢广泛用于制造重型机械的某些零件,如箱体、曲轴、连杆、轧钢机机架、水压机横梁、锻锤砧座等。一般工程用铸造碳钢碳的质量分数一般在 0.20%~0.60%之间,如果碳的质量分数过高,则钢的塑性差,铸造时易产生裂纹。

一般工程用铸造碳钢的牌号是用"铸钢"两字的汉语拼音字首"ZG"后面加两组数字组成,第一组数字代表屈服强度最低值,第二组数字代表抗拉强度最低值,如 ZG200－400 表示屈服强度大于 200 MPa,抗拉强度大于 400 MPa 的一般工程用铸造碳钢。一般工程用铸造碳钢的牌号、化学成分及力学性能见表 4-4。

表 4-4　一般工程用铸造碳钢的牌号、化学成分、力学性能

牌　号	主要化学成分/%					室温力学性能(最小值)				
	$w(C)\leqslant$	$w(Si)\leqslant$	$w(Mn)\leqslant$	$w(S)\leqslant$	$w(P)\leqslant$	R_{eH} /MPa	R_m /MPa	$A_{11.3}$ /%	根据合同选择	
									Z /%	A_{KU} /J
ZG200—400	0.2	0.5	0.8			200	400	25	40	30
ZG230—450	0.3	0.5	0.9			230	450	22	32	25
ZG270—500	0.4	0.5	0.9	0.04	0.04	270	500	18	25	22
ZG310—570	0.5	0.6	0.9			310	570	15	21	15
ZG340—640	0.6	0.6	0.9			340	640	10	18	10

六、特殊质量非合金钢

特殊质量非合金钢中使用最多是碳素工具钢。碳素工具钢是主要用于制造刀具、模具和量具的钢。由于大多数工具要求高硬度和高耐磨性,故碳素工具钢碳的质量分数一般都在0.7%以上,而且此类钢不是优质钢,就是高级优质钢,其有害杂质元素(C,P)含量较少,质量较高。

碳素工具钢的牌号以"碳"字汉语拼音字首"T"开头,其后的数字表示平均碳的质量分数的千分数,如T8钢表示平均碳的质量分数为0.80%的优质碳素工具钢。若为高级优质碳素工具钢,则在牌号后面标以字母A,如T12A表示平均碳的质量分数为1.20%的高级优质碳素工具钢。碳素工具钢随着碳的质量分数的增加,其硬度和耐磨性提高,而韧性下降,其应用场合也分别不同。碳素工具钢的牌号、化学成分、硬度和用途见表4-5。

表 4-5　碳素工具钢的牌号、化学成分、硬度及用途

牌号	化学成分/%			退火状态 HBW 不大于	试样淬火温度 HRC 不小于	用 途 举 例
	$w(C)$	$w(Si)$	$w(Mn)$			
T7 T7A	0.65~0.74	≤0.35	≤0.40	187	800~820℃ 水冷 62	用作能承受冲击、韧性较好、硬度适当的工具,如扁产、錾子、手钳、大锤、旋具、木工工具等
T8 T8A	0.75~0.84	≤0.35	≤0.40	187	800~820℃ 水冷 62	用作能承受冲击、要求具有较高硬度与耐磨性的工具,如冲头、压缩空气锤工具及木工工具等
T10 T10A	0.95~1.04	≤0.35	≤0.40	197	760~780℃ 水冷 62	用作不受剧烈冲击、中等韧性、要求具有高硬度与耐磨性的工具,如车刀、刨刀、冲头、丝锥、钻头、手用锯条、板牙等
T12 T12A	1.15~1.24	≤0.35	≤0.40	207	760~780℃ 水冷 62	用作不受冲击、要求具有高硬度、高耐磨性的工具,如锉刀、刮刀、钻头、精车刀、丝锥、量具等

第三节 合金元素在钢中的作用

钢中加入的合金元素主要有:硅(Si)、锰(Mn)、铬(Cr)、镍(Ni)、钨(W)、钼(Mo)、钒(V)、钛(Ti)、铌(Nb)、钴(Co)、铝(Al)、硼(B)及稀土元素(Re)等。了解合金元素在钢中的作用,对于认识合金钢具有指导意义。

一、合金元素在钢中的存在形式及作用

合金元素在钢材中主要以两种形式存在,一种是溶入铁素体中形成合金铁素体;另一种是与碳化合形成合金碳化物。

1.合金铁素体

大多数合金元素都能不同程度地溶入铁素体中。溶入铁素体的合金元素,由于它们的原子大小及晶格类型与铁元素不同,使铁素体晶格发生不同程度的畸变,其结果使铁素体的强度、硬度提高,但当合金元素超过一定质量分数后,铁素体的韧性和塑性会显著降低。与铁素体有相同晶格类型的合金元素,如 Cr、Mo、W、V、Nb 等强化铁素体的作用较弱;而与铁素体具有不同晶格的合金元素,如 Si、Mn、Ni 等元素强化铁素体的作用较强。

2.合金碳化物

合金元素可分为碳化物形成元素和非碳化物形成元素两类。非碳化物形成元素,如 Si、Al、Ni 及 Co 等,它们仅以原子状态存在于铁素体或奥氏体中。碳化物形成元素,按它们与碳原子结合的能力,由强到弱的次序是:Ti、Nb、V、W、Mo、Cr、Mn 和 Fe。它们与碳形成的碳化物有:TiC、NbC、VC、WC、Mo_2C、Cr_7C_3、$(Fe,Cr)_3C$ 及 $(Fe,Mn)_3C$ 等。这些碳化物本身都有极高的硬度,有的可达 71~75 HRC。因此,合金碳化物的存在提高了钢材的强度、硬度和耐磨性。

二、合金元素对钢热处理和力学性能的影响

合金元素的突出优点主要是通过热处理工艺显示出来的,因此大多数合金钢需要进行热处理。

1.合金元素对钢加热转变的影响

合金钢的奥氏体形成过程,基本上与非合金钢相同。在奥氏体形成过程中,除 Fe、C 原子扩散外,还有合金元素原子的扩散。由于合金元素的扩散速度慢,且大多数合金元素(除 Ni、Co 外)均减慢碳的扩散速度,加之合金碳化物比较稳定,不易溶入奥氏体中,因此,在不同程度上减缓了奥氏体的形成过程。所以,为了获得均匀的奥氏体,大多数合金钢需加热到更高的温度,并需要保温更长的时间。

大多数合金元素(Mn 和 B 除外)有阻碍奥氏体晶粒长大的作用,而且合金元素阻碍奥氏体晶粒长大的过程是通过合金碳化物实现的。在合金钢中合金碳化物以弥散质点形式分布在奥氏体晶界上,阻碍了奥氏体晶粒长大,因此大多数合金钢在加热时不易过热。这样有利于合金钢淬火后获得细马氏体组织,也有利于通过适当地提高加热温度,使奥氏体中溶入更多的合金元素,从而提高合金钢的淬透性和力学性能。

2.合金元素对钢回火转变的影响

合金元素对钢回火时的组织与性能都有不同程度的影响。其主要影响是提高钢的耐回火

性,有些合金元素还产生二次硬化现象和回火脆性。

(1)提高钢材的耐回火性。合金钢与非合金钢相比,回火的各个转变过程都将推迟到更高的温度。在相同的回火温度下,合金钢的硬度高于非合金钢,可以使钢在较高温度下回火时仍能保持高硬度,如图 4-1 所示。淬火钢在回火时抵抗软化的能力,称为耐回火性(或回火稳定性)。合金钢都有较好的耐回火性。若获得相同的硬度,合金钢的回火温度则要高于非合金钢的回火温度,并且通过较高温度的回火更有利于消除内应力,提高钢的塑性和韧性,因此,合金钢可获得更好的综合力学性能。

(2)产生二次硬化。某些含有较多 W、Mo、V、Cr、Ti 元素的合金钢,在 500～600℃高温回火时,高硬度的合金碳化物(W_2C、Mo_2C、VC、Cr_7C_3、TiC 等)以弥散的小颗粒状态析出,使钢的硬度升高,这些铁碳合金在一次或多次回火后提高其硬度的现象称为二次硬化,如图 4-2 所示。高速钢、工具钢和高铬钢在回火时都会产生二次硬化现象,二次硬化现象对于提高钢材的热硬性具有直接影响。

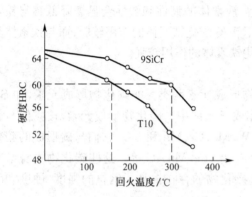

图 4-1　合金钢和非合金钢的硬度与回火温度的关系

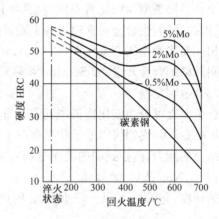

图 4-2　钼元素对钢回火硬度的影响$[w(C)=0.35\%]$

总之,合金钢的力学性能优于非合金钢,其主要原因是合金元素提高了钢材的淬透性和耐回火性,以及细化了奥氏体晶粒,使铁素体固溶强化效果增强所致。

第四节　低合金钢和合金钢的分类与牌号

一、低合金钢和合金钢的分类

1. 低合金钢的分类

低合金钢的分类是按其主要质量等级和主要性能或使用特性分类的。

(1)按主要质量等级分类。低合金钢按主要质量等级可分为:普通质量低合金钢、优质低合金钢和特殊质量低合金钢。

普通质量低合金钢是指不规定在生产过程中需要特别控制质量要求的供作一般用途的低合金钢。它主要包括:一般用途低合金结构钢($\sigma_s\leqslant360$ MPa,如 09MnV 钢等);低合金钢筋钢(如 20MnSi 钢等);铁道用一般低合金钢,如低合金轻轨钢(45SiMnP 钢、50SiMnP 钢);矿用一般低合金钢(调质处理的钢号除外),如 20MnK 钢、25MnK 钢等。

优质低合金钢是指除普通质量低合金钢和特殊质量低合金钢以外的低合金钢。在生产过程中需要特别控制质量(例如,降低硫、磷含量,控制晶粒度,改善表面质量,增加工艺控制等),以达到比普通质量低合金钢特殊的质量要求(例如,良好的抗脆断性能和良好的冷成形性等),但这种钢材的生产控制和质量要求不如特殊质量低合金钢严格。优质低合金钢主要包括:可焊接的低合金高强度钢(如 16MnNb 钢等);锅炉和压力容器用低合金钢(16Mng 钢、16MnR钢等);造船用低合金钢(如 AH36 钢、DH36 钢、EH36 钢等);汽车用低合金钢(09MnREL钢等);桥梁用低合金钢(如 16Mnq 钢等);自行车用低合金钢(如 12Mn 钢、16Mn 钢等);低合金耐候钢(如 09CuP 钢等);铁道用低合金钢,如低合金重轨钢(U71MnSiCu 钢等)、铁路用异型钢(09V 钢等待)、起重机用低合金钢(U71Mn 钢等);矿用低合金钢(如 20MnVK 钢等);输油、输气管线用低合金钢等。

特殊质量低合金钢是指在生产过程中需要特别严格控制质量和性能(特别是严格控制硫、磷等杂质含量和纯洁度)的低合金钢。它主要包括:核能用低合金钢;保证厚度方向性能低合金钢;铁道用低合金车轮钢(如 CL45MnSiV 钢等);低温用低合金钢(如 16MnDR 钢等);舰船兵器等专用特殊低合金钢等。

(2)按主要性能及使用特性分类。低合金钢按主要性能及使用特性分类,可分为可焊接的低合金强度结构钢、低合金耐候钢、低合金钢筋钢、铁道用低合金钢、矿用低合金钢和其他低合金钢。

2.合金钢的分类

合金钢是按其主要质量等级和主要性能或使用特性分类的。

(1)按主要质量等级分类。合金钢按主要质量等级可分为:优质合金钢和特殊质量合金钢。

优质合金钢是指在生产过程中需要特别控制质量和性能,但其生产控制和质量要求不如特殊质量合金钢严格的合金钢。它主要包括:一般工程结构用合金钢;合金钢筋钢(如40Si2MnV 钢、45SiMnV 钢等);不规定磁导率的电工用硅(铝)钢;铁道用合金钢;地质、石油钻探用合金钢;耐磨钢和硅锰弹簧钢。

特殊质量合金钢是指在生产过程中需要特别严格控制质量和性能的合金钢。除优质合金钢以外的所有其他合金钢都为特殊质量合金钢。它主要包括:压力容器用合金钢(如18MnMoNbR 钢、14MnMoVg 钢、09MnTiCuREDR 钢等);经热处理的合金钢筋钢;经热处理的地质、石油钻探用合金钢;合金结构钢;合金弹簧钢;不锈钢;耐热钢;合金工具钢;高速工具钢;轴承钢;高电阻电热钢和合金;无磁钢;永磁钢。

(2)按主要性能及使用特性分类。合金钢按主要性能及使用特性分类,可分为工程结构用合金钢(如一般工程结构用合金钢、合金钢筋钢、高锰耐磨钢等);机械结构用合金钢(如调质处理合金结构钢、表面硬化合金结构钢、合金弹簧钢等);不锈、耐蚀和耐热钢(如不锈钢、抗氧化钢和热强钢等);工具钢(如合金工具钢、高速工具钢);轴承钢(如高碳铬轴承钢、不锈轴承钢等);特殊物理性能钢,如软磁钢、永磁钢、无磁钢(如 0Cr16Ni14 钢)等;其他,如铁道用合金钢等。

二、低合金钢和合金钢的牌号

1.低合金高强度结构钢的牌号

低合金高强度结构钢的牌号由代表屈服点的汉语拼音首位字母、屈服点数值、质量等级符号(A、B、C、D、E)、脱氧方法符号(F、b、Z 和 TZ,其中 Z 和 TZ 可省略)等 4 个部分按顺序组成。例如，Q390A 钢表示屈服点 $\sigma_s \geqslant 390$ MPa，质量为 A 级的低合金高强度结构钢。

如果是专用结构钢一般在上述表示方法的基础上加钢产品的用途符号，如 Q295HP 钢表示焊接气瓶用钢、Q345R 钢表示压力容器用钢、Q390g 钢表示锅炉用钢、Q420q 钢表示桥梁用钢等。

2. 合金钢（包括部分低合金结构钢）的牌号

我国合金钢的编号是按照合金钢中碳的质量分数及所含合金元素的种类（元素符号）和其质量分数来编制的。一般牌号的首部是表示其平均碳的质量分数的数字，数字含义与优质碳素结构钢是一致的。对于结构钢，数字表示平均碳的质量分数的万分之几，对于工具钢数字表示平均碳的质量分数的千分之几。当合金钢中某合金元素（Me）的质量分数 $w(Me) < 1.5\%$ 时，牌号中仅标出元素符号，不标明其含量；当合金元素的质量分数在 $1.5\% \leqslant w(Me) < 2.5\%$ 时，在该元素后面相应地用整数"2"表示其平均质量分数；当合金元素的质量分数在 $2.5\% \leqslant w(Me) < 3.5\%$ 时，在该元素后面相应地用整数"3"表示其平均质量分数，以此类推。

（1）合金结构钢的牌号。例如，60Si2Mn 钢表示 $w(C) = 0.60\%$、$w(Si) = 2\%$、$w(Mn) < 1.5\%$ 的合金结构钢；09Mn2 钢表示 $w(C) = 0.09\%$、$w(Mn) = 2\%$ 的合金结构钢。钢中钒、钛、铝、硼、稀土等合金元素，虽然含量很低，仍然需要在钢中标出，如 40MnVB 钢、25MnTiBRE 钢等。

（2）合金工具钢的牌号。当钢中 $w(C) < 1.0\%$ 时，牌号前数字以千分之几（一位数）表示；当 $w(C) \geqslant 1\%$ 时，为了避免与合金结构钢的牌号相混淆，牌号前不标数字。例如，9Mn2V 钢表示 $w(C) = 0.9\%$，$w(Mn) = 2\%$、$w(V) < 1.5\%$ 的合金工具钢；CrWMn 钢表示钢中 $w(C) \geqslant 1.0\%$、$w(W) < 1.5\%$、$w(Mn) < 1.5\%$ 的合金工具钢；高速工具钢牌号不标出碳的质量分数值，如 W18Cr4V 钢。

（3）滚动轴承钢的牌号。滚动轴承钢在牌号前面冠以汉语拼音字母"G"，其后加铬元素符号 Cr，铬的质量分数以千分之几表示，其余合金元素表示方法与合金结构钢牌号规定相同，如 GCr15SiMn 钢。

（4）不锈钢和耐热钢的牌号。不锈钢和耐热钢的牌号表示方法与合金工具钢基本相同，只是当 $0.03\% < w(C) \leqslant 0.08\%$ 及 $w(C) \leqslant 0.03\%$ 时，在牌号前分别冠以"0"及"00"，如 0Cr21Ni5Ti 钢、00Cr30Mo2 钢等。

三、钢铁及合金牌号统一数字代号体系（GB/T 17616—2013）

GB/T 17616—2013 规定了钢铁及合金产品统一数字代号的编制原则、结构分类、管理及体系表等内容。该标准适用于钢铁及合金产品牌号编制统一数字代号。凡列入国家标准和行业标准的钢铁及合金产品应同时列入产品牌号和统一数字代号，相互对照，两种表示方法均为有效。

统一数字代号由固定的 6 位数组成，如图 4-3 所示。左边第一位用大写的拉丁字母作前缀（一般不使用"I"和"O"字母），后接 5 位阿拉伯数字。每一个数字代号只适用于一个产品牌号；反之，每一个产品牌号只对应于一个统一数字代号。当产品

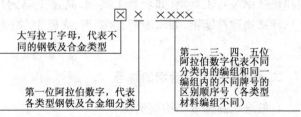

图 4-3 钢铁及合金统一数字代号的结构型式

牌号取消后,一般情况下,原对应的统一数字代号不再分配给另一个产品牌号。

第一位阿拉伯数字有0~9,对于不同类型的钢铁及合金,每一个数字所代表的含义各不相同。例如,在合金结构钢中,数字"0"代表 Mn(×)、MnMo(×)系钢,数字"1"代表 SiMn(×)、SiMnMo(×)系钢,数字"4"代表 CrNi(×)系钢;在非合金钢中,数字"1"代表非合金一般结构及工程结构钢,数字"2"代表非合金机械结构钢等。

第五节 低合金钢

低合金钢是一类可焊接的低碳低合金结构用钢,大多数在热轧或正火状态下使用。

一、低合金高强度结构钢

低合金高强度结构钢的合金元素以锰为主,此外,还有钒(V)、钛(Ti)、铝(Al)、铌(Nb)等元素。它与非合金钢相比具有较高的强度、韧性、耐腐蚀性及良好的焊接性,而且价格与非合金钢接近。因此,低合金高强度结构钢广泛用于制造桥梁、车辆、船舶、建筑钢筋等。GB/T 1591—1994 颁布了低合金高强度结构钢标准,新旧标准对比及用途见表4-6所示。

表4-6 新标准低合金高强度结构钢与旧标准低合金高强度结构钢牌号对照及用途

新标准	旧 标 准	用 途
Q295	09MnV、09MnNb、09Mn2、12Mn	建筑构件、车辆冲压件、冷弯型钢、螺旋焊管、拖拉机轮圈、低压锅炉汽包、中低压化工容器、输油管道、储油罐、油船等
Q345	12MnV、14MnNb、16Mn、18Nb、16MnRE	船舶、铁路车辆、桥梁、管道、锅炉、压力容器、石油储罐、起重及矿山机械、电站设备、厂房钢架等
Q390	15MnTi、16MnNb、10MnPNbRE、15MnV	中高压锅炉汽包、中高压石油化工容器、大型船舶、桥梁、车辆、起重机及其他较高载荷的焊接结构件等
Q420	15MnVN、14MnVTiRE	大型船舶、桥梁、电站设备、起重机械、机车车辆、中压或高压锅炉及容器的大型焊接结构件等
Q460		经淬火加回火后,用于大型挖掘机、起重机、运输机械、钻井平台等

二、低合金耐候钢

耐候钢是指耐大气腐蚀钢,它是在低碳非合金钢的基础上加入少量铜、铬、镍、钼等合金元素,使其在金属表面形成一层保护膜的钢材。为了进一步改善耐候钢的性能,还可再加微量的铌、钛、钒、锆等元素。我国目前使用的耐候钢分为焊接结构用耐候钢和高耐候性结构钢两大类。

焊接结构用耐候钢的牌号是由"Q+数字+NH"组成。其中"Q"是"屈"字汉语拼音字母的字首,数字表示最低屈服点数值,字母"NH"是"耐候"二字汉语拼音字母的字首,牌号后缀质量等级代号(C、D、E),如 Q355NHC 表示屈服点大于 355 MPa,质量等级为 C 级的焊接结构用耐候钢。此类耐候钢适用于桥梁、建筑及其他要求耐候性的钢结构。

高耐候性结构钢的牌号是由"Q+数字+GNH"组成。与焊接结构用耐候钢不同的是

"GNH"表示"高耐候"三字汉语拼音字母的字首,含 Cr、Ni 元素的高耐候性结构钢在其牌号后面后缀字母"L",如 Q345GNHL。此类耐候钢适用于机车车辆、建筑、塔架和其他要求高耐候性的钢结构,并可根据不同需要制成螺栓连接、铆接和焊接结构件。

三、低合金专业用钢

为了适应某些专业的特殊需要,对低合金高强度结构钢的化学成分、加工工艺及性能作相应的调整和补充,发展了门类众多的低合金专业用钢,如锅炉用钢、压力容器用钢、船舶用钢、桥梁用钢、汽车用钢、铁道用钢、自行车用钢、矿山用钢、建筑用钢、焊接用钢、低温用钢等,其中部分低合金专用钢已纳入国家标准。下面举几个实例。

1. 汽车用低合金钢

汽车用低合金钢是用量较大的专业用钢,它主要用于制造汽车大梁、托架及车壳等结构件,如汽车大梁用钢 09MnREL 钢、06TiL 钢、08TiL 钢、16MnL 钢、16MnREL 钢等。

2. 低合金钢筋钢

低合金钢筋钢主要是指用于制作建筑钢筋结构的钢,如 20MnSi 钢、20MnTi 钢、20MnSiV 钢、25MnSi 钢等。

3. 铁道用低合金钢

铁道用低合金钢主要用于制作重轨(如 U71Cu 钢、U71Mn 钢、U71MnSi 钢、U71MnSiCu 钢等)、轻轨(如 45SiMnP 钢、50SiMnP 钢、36CuCrP 钢等)和异型钢(09CuPRE 钢、09V 钢等)。

4. 矿用低合金钢

矿用低合金钢主要用于制作矿用结构件,如 20MnK 钢、20MnVK 钢、25MnK 钢、25MnVK 钢等。

第六节 合 金 钢

一、工程结构用合金钢

工程结构用合金钢主要用于制造工程结构,如建筑工程钢筋结构、压力容器、承受冲击的耐磨铸钢件等。工程结构用合金钢按其用途又可分为一般工程用合金钢、压力容器用合金钢、合金钢筋钢、地质石油钻探用钢、高锰钢等。下面主要介绍高锰耐磨钢的化学成分、热处理特点和用途。

对于工作时承受很大压力、强烈冲击和严重磨损的机械零件,目前工业中多采用耐磨钢制造。典型的耐磨钢牌号是 ZGMn13 钢,其碳的质量分数为 $1.0\% \sim 1.3\%$,锰的质量分数为 $11\% \sim 14\%$。

ZGMn13 钢的铸造组织为奥氏体和网状碳化物,脆性大,不耐磨,不能直接使用。必须将 ZGMn13 钢加热到 1 000~1 100℃,保温一段时间,使碳化物全部溶解到奥氏体中,然后在水中冷却。由于冷却迅速,碳化物来不及从奥氏体中析出,从而获得单一的奥氏体组织(因锰是扩大 γ 相区的元素),这种处理方法称为"水韧处理"。

水韧处理后耐磨钢的韧性与塑性较好,硬度低(180~220 HBW),它在较大的压应力或冲击力的作用下,由于表面层的塑性变形,会迅速产生冷变形强化,同时伴随有马氏体转变,使耐磨钢表面硬度急剧提高到 52~56 HRC。耐磨钢的耐磨性在高压应力作用下表现极好,比非合金钢高十几倍,但是在低压应力的作用下其耐磨性较差。同时,耐磨钢在使用过程中其基体仍具有良好的韧性。

耐磨钢不易进行切削加工,但耐磨钢铸造性能好,可将其铸成复杂形状的铸件,故耐磨钢一般是铸造成形后,再经热处理后使用。耐磨钢常用于制造坦克和拖拉机履带板、球磨机衬板、挖掘机铲齿、破碎机牙板、铁路道岔等。常用的耐磨钢牌号有 ZGMn13-1、ZGMn13-2、ZGMn13-3、ZGMn13-4 和 ZGMn13-5 等。其中 1、2、3、4、5 表示品种代号,适用范围分别是低冲击件、普通件、复杂件、高冲击件及其他工件。

二、常用机械结构用合金钢

机械结构用合金钢属于特殊质量合金钢,它主要用于制造机械零件,如轴、连杆、齿轮、弹簧、轴承等,一般需进行热处理,以发挥材料的力学性能潜力。机械结构用合金钢按其用途和热处理特点,可分为合金渗碳钢、合金调质钢、合金弹簧钢和超高强度钢等。

1. 合金渗碳钢

用于制造渗碳零件的合金钢称为合金渗碳钢。需要渗碳的重要零件(如轴、活塞销、汽车用齿轮等)要求表面具有高硬度(55~65 HRC)和高耐磨性,心部具有较高的强度和足够的韧性。采用合金渗碳钢可以克服低碳非合金钢渗碳后淬透性低和心部强度低的弱点,常用的合金渗碳钢牌号有:20Cr 钢、20CrMnTi 钢、20CrMnMo 钢、20MnVB 钢等。

合金渗碳钢的加工工艺路线是:下料→锻造→预备热处理→机械加工(粗加工、半精加工)→渗碳→机械加工(精加工)→淬火、低温回火→磨削。预备热处理的目的是为了改善毛坯锻造后的不良组织,消除锻造加工过程中产生的内应力,并改善其切削加工性。

2. 合金调质钢

合金调质钢是在中碳钢(30 钢、35 钢、40 钢、45 钢、50 钢)的基础上加入一种或数种合金元素,以提高淬透性和耐回火性,使之在调质处理后具有良好的综合力学性能的调质钢。常加入的合金元素有 Mn、Si、Cr、B、Mo 等,它们的主要作用是提高钢的强度和韧性,增加钢的淬透性。合金调质钢用于制造负荷较大的重要零件,如机床主轴、发动机轴、连杆及传动齿轮等。常用合金调质钢的牌号有:40B 钢、40Cr 钢、40MnB 钢、40CrNi 钢、40CrMnMo 钢等。表面要求较高硬度、耐磨性和疲劳强度的零件,可采用 38CrMoAlA 钢(渗氮钢),其热处理工艺是调质和渗氮处理。

合金调质钢的加工工艺路线是:下料→锻造→预备热处理(正火或退火)→机械加工(粗加工、半精加工)→调质处理→机械加工(精加工)→表面淬火或渗氮→磨削。

3. 合金弹簧钢

在非合金弹簧钢基础上,加入合金元素,用于制造重要弹簧的钢种,称为合金弹簧钢。中碳钢(如 55 钢)和高碳钢(如 65 钢、70 钢等)都可以作为弹簧材料,但因其淬透性差,强度低,只能用来制造截面积较小、受力较小的弹簧。而合金弹簧钢则可制造横截面积较大、屈服点较高的重要弹簧,合金弹簧钢中加入的合金元素主要是 Mn、Si、Cr、V、Mo、W、B 等。它们的作用是提高淬透性和耐回火性,强化铁素体,细化晶粒,可以有效地改善合金弹簧钢的力学性能。常用合金弹簧钢牌号有:55Si2Mn 钢、60Si2Mn 钢、55SiMnVB 钢、60Mn 钢、55CrVA 钢等。

弹簧根据加工工艺的不同可分为:冷成形弹簧和热成形弹簧。

(1)冷成形弹簧。采用冷成形方法制作弹簧适用于加工小型弹簧(直径 $D<4$ mm),弹簧成形后只需在 250~300℃进行去应力退火,以消除成形时产生的应力,稳定弹簧尺寸。冷成形弹簧的一般加工工艺路线是:下料→卷制成形→去应力退火→试验→验收。

(2)热成形弹簧。采用热成形方法制作弹簧适用于加工大型弹簧,弹簧热成形后进行淬火和中温回火,以便提高弹簧钢的弹性极限和屈服点,如汽车板弹簧、铁道车辆用缓冲弹簧等多采用 60Si2Mn 钢制造。热成形弹簧的加工工艺路线是:下料→加热→卷制成形→淬火→中温回火→试验→验收。

4. 超高强度钢

超高强度钢一般是指 $R_s > 1\,370$ MPa、$R_m > 1\,500$ MPa 的特殊质量合金结构钢。超高强度钢按化学成分和强韧化机制分类,可分为低合金超高强度钢、二次硬化型超高强度钢(如 4Cr5MoSiV 钢等)、马氏体时效钢(如 Ni25Ti2AlNb 钢等)和超高强度不锈钢四类。其中低合金超高强度钢是在合金调质钢的基础上,加入多种合金元素进行复合强化产生的,此类钢具有很高的强度和足够的韧性,而且比强度(抗拉强度与密度的比值)高和疲劳极限值高,在静载荷和动载荷条件下,能够承受很高的工作压力,可减轻结构件自重。超高强度钢主要用于航空和航天工业,如 35Si2MnMoVA 钢其抗拉强度可达 1\,700 MPa,用于制造飞机的起落架、框架、发动机曲轴等;40SiMnCrWMoRe 钢工作在 300~500℃ 时仍能保持高强度、抗氧化性和抗热疲劳性,用于制造超音速飞机的机体构件。

三、滚动轴承钢

滚动轴承钢属于特殊质量合金钢,它主要用于制造滚动轴承的滚动体和内圈、外圈,在量具、模具、低合金刃具等方面。这些零件要求具有均匀的高硬度、高耐磨性、高耐压强度和疲劳强度等性能。滚动轴承钢碳的质量分数较高(0.95%~1.15%),钢中铬的加入量为 0.4%~1.65%,目的在于增加钢的淬透性,并使碳化物呈均匀而细密状态分布,提高滚动轴承钢的耐磨性。对于大型轴承用钢,还需加入 Si、Mn 等合金元素进一步提高滚动轴承钢的淬透性。最常用的滚动轴承钢是 GCr15 钢、GCr9 钢、GCr15SiMn 钢。

滚动轴承钢的热处理主要是锻造后进行球化退火,制成零件后进行淬火和低温回火,得到回火马氏体及碳化物组织,其硬度≥62 HRC。

四、合金工具钢

合金工具钢质量等级属于特殊质量等级要求。合金工具钢是指用于制作重要的刃具、量具、耐冲击工具和模具的合金钢。由于加入的合金元素种类、数量和碳的质量分数的不同,各种合金工具钢的性能和用途各有其特点。下面介绍常用合金工具钢的主要特点:

1. 制作量具及刃具用的合金工具钢

制作刃具(冷剪切刀、板牙、丝锥、铰刀、搓丝板、拉刀、圆锯)、量具(量规、精密丝杠)的合金工具钢一般需要淬火加低温回火后使用。要求热处理后变形小,具有高硬度(大多数≥60HRC)和高耐磨性。常用的制作刃具、量具的合金工具钢有:9SiCr 钢、9Cr2 钢、CrWMn 钢、Cr2 钢和9Mn2V 钢等。

2. 制作耐冲击工具的合金工具钢

耐冲击工具主要是指风动工具、金属冷剪刀片、铆钉冲头、冲孔冲头等。此类工具不仅要求有高硬度和高耐磨性,而且还要求有良好的冲击韧性。一般需要淬火加中温回火后使用。常用的制作耐冲击工具的合金工具钢有:4Cr2Si 钢、5CrW2Si 钢、6CrW2Si 钢等。

3. 制作冷作模具的合金工具钢

冷作模具主要是指冷冲模、冷拔模、冷挤压模等。此类模具要求高硬度和高耐磨性,还要求有一定的冲击韧性和抗疲劳性。一般需要淬火加低温回火后使用,而且要求热处理后变形小。常用的制作冷作模具的合金工具钢有:Cr12MoV 钢、Cr12 钢、9Mn2V 钢、CrWMn 钢等。

4.制作热作模具的合金工具钢

热作模具主要是指锻模、压铸模等。此类模具要求高强度、较好的韧性和耐磨性,还要求有较好的抗热疲劳性能。一般需要调质处理或淬火加中温回火后使用,而且要求热处理后变形小。常用的制作热作模具的合金工具钢有:5CrNiMo 钢、5CrMnMo 钢、Cr12MoV 钢、3Cr2W8V 钢、8Cr3 钢等。

5.高速工具钢(高速钢)

高速工具钢是用于制作中速或高速切削工具(车刀、铣刀、麻花钻头、齿轮刀具、拉刀等)的高碳合金钢,其碳的质量分数为 0.7%～1.65%,含有 W、Mo、Cr、V、Co 等贵重元素,合金元素含量达 10%～25%。可形成大量的合金碳化物,可以保证高速工具钢获得高硬度、高热硬性和高耐磨性。高速工具钢钢淬火后一般要进行多次高温回火。常用的高速工具钢有:W18Cr4V 钢、W6Mo5Cr4V2 钢、W9Mo3Cr4V 钢、W18Cr4V2Co8 钢等。

五、不锈钢与耐热钢

1.不锈钢

不锈钢是指用来抵抗大气腐蚀或能抵抗酸、碱、盐等化学介质腐蚀的钢材。它属于特殊质量合金钢,常用的不锈钢主要是铬不锈钢和铬镍不锈钢两类。按其使用时的组织特征分为铁素体型不锈钢、奥氏体型不锈钢、马氏体型不锈钢、奥氏体-铁素体型不锈钢和沉淀硬化型不锈钢五类。几种常用不锈钢的牌号、化学成分、热处理方法及用途见表 4-7。

表 4-7　几种常用不锈钢的牌号、化学成分、热处理和用途举例

组织类型	牌　号	化学成分/%				热处理方法	用途举例
		$w(C)$	$w(Ni)$	$w(Cr)$	$w(Mo)$		
奥氏体型	12Cr18Ni9	≤0.15	8.00～10.0	17.0～19.0		固溶处理:1 010～1 150℃快冷	制作建筑装饰品,制作耐硝酸、冷磷酸、有机酸及盐碱溶液腐蚀部件
	06Cr19Ni10	≤0.08	8.00～11.0	18.0～19.0		固溶处理:1 010～1 150℃快冷	制作食品用设备,抗磁仪表,医疗器械,原子能工业设备及部件
铁素体型	10Cr17	≤0.12		16.0～18.0		退火:780～850℃空冷或缓冷	制作重油燃烧部件,建筑装饰品,家用电器部件,食品用设备
	008Cr30Mo2	≤0.01		28.5～32.0	1.50～2.50	退火:900～1 050℃快冷	制作耐乙酸、乳酸等有机酸腐蚀的设备,耐苛性碱腐蚀设备
马氏体型	12Cr13	≤0.15	≤0.60	11.5～13.5		淬火:950～1 000℃油冷回火:700～750℃快冷	制作汽轮机叶片、内燃机车水泵轴、阀门、阀杆、螺栓
	32Cr13Mo	0.28～0.35		12.0～14.0	0.50～1.00	淬火:1 025～1 075℃油冷回火:200～300℃油、水、空冷	制作热油泵轴,阀门轴承,医疗器械弹簧
	68Cr17	0.60～0.75	≤0.60	16.0～18.0		淬火:1 010～1 070℃油冷回火:100～180℃快冷	制作刀具、量具、轴承、手术刀片

不锈钢的特点是铬的质量分数高,一般 $w(Cr) \geqslant 13\%$,这样铬在氧化介质中能形成一层具有保护作用的 Cr_2O_3 薄膜,可防止钢材的整个表面被氧化和腐蚀。

铁素体不锈钢中碳的质量分数低,铬的质量分数高。因为铬是缩小 γ 相区的合金元素,可使不锈钢得到单相铁素体组织。铁素体不锈钢常用于制作工作应力不大的化工设备、容器及管道。

奥氏体不锈钢中铬、镍的质量分数高,经固溶处理后得到单一奥氏体组织。奥氏体不锈钢具有良好的耐腐蚀性、焊接性、冷加工性及低温韧性,常用于制作耐腐蚀性能要求较高及冷变形成形的低负荷零件,如吸收塔、酸槽、管道等。

马氏体不锈钢中碳的质量分数、铬的质量分数都较高,淬透性好,但其耐腐蚀性稍差。马氏体不锈钢需经淬火和回火后使用,常用于制作耐腐蚀性要求不高而力学性能要求较高的零件。

2. 耐热钢

耐热钢是指在高温下不发生氧化,并且有较高热强性的钢,它属于特殊质量合金钢。钢的耐热性包括钢在高温下具有抗氧化性(热稳定性)和高温热强性(蠕变强度)两个方面。高温抗氧化性是指钢在高温下对氧化作用的抗力;热强性是指钢在高温下对机械载荷作用的抗力。

一般来说,钢材的强度随着温度的升高会逐渐下降,而且不同的钢材在高温下下降的程度是不同的,一般结构钢比耐热钢下降得快些。在耐热钢中主要加入铬、硅、铝等合金元素。这些元素在高温下与氧作用,在耐热钢表面会形成一层致密的高熔点氧化膜(Cr_2O_3、Al_2O_3、SiO_2),能有效地保护耐热钢在高温下不被氧化。另外,加入 Mo、W、Ti 等元素是为了阻碍晶粒长大,提高耐热钢的高温热强性。耐热钢分为抗氧化钢、热强钢和汽阀钢。

(1)抗氧化钢。抗氧化钢主要用于制作长期在高温下工作但强度要求低的零件,如各种加热炉内结构件、渗碳炉构件、加热炉传送带料盘、燃气轮机的燃烧室等。常用的钢种有:3Cr18Mn12Si2N 钢、3Cr18Ni25Si2 钢、2Cr20Mn9Ni2Si2N 钢等。

(2)热强钢。热强钢不仅要求在高温下具有良好的抗氧化性,而且还要求具有较高的高温强度。常用热强钢如 12CrMo 钢、15CrMo 钢、15CrMoV 钢、24CrMoV 钢等都是典型的锅炉用钢,可用于制造在 350℃ 以下工作的零件(如锅炉钢管等)。

(3)汽阀钢。汽阀钢是热强性较高的钢,主要用于制作高温下工作的汽阀,如 1Cr11MoV 钢、1Cr12WMoV 钢、4Cr9Si2 钢用于制造 600℃ 以下工作的汽轮机叶片、发动机排气阀、螺栓紧固件等;4Cr14Ni14W2Mo 钢是目前应用最多的汽阀钢,用于制造工作温度不高于 650℃ 的内燃机重载荷排气阀。

六、特殊物理性能钢

特殊物理性能钢属于特殊质量合金钢,它包括永磁钢、软磁钢、无磁钢、高电阻钢及其合金。下面主要介绍永磁钢、软磁钢和无磁钢的性能和应用。

(1)永磁钢。永磁钢具有较高的剩磁感及矫顽磁力(即不易退磁的能力)特性,即在外界磁场磁化后,能长期保留大量剩磁,要想去磁,则需要很高的磁场强度。

永磁钢具有与高碳工具钢类似的化学成分[$w(C)=1\%$左右],常加入的合金元素是铬、钨和钼等。永磁钢淬透性好,经淬火和回火后,其硬度和强度高,主要用于制造无线电及通信器材里的永久磁铁装置以及仪表中的马蹄形磁铁。

(2)软磁钢(硅钢片)。磁化后容易去磁的钢称为软磁钢。软磁钢是一种碳的质量分数

$[w(C)\leqslant0.08\%]$很低的铁、硅合金,其硅的质量分数在$1\%\sim4\%$之间,通常轧制成薄片,是一种重要的电工用钢,用于制作电动机的转子与定子、变压器、继电器等。软磁钢经去应力退火后不仅可以提高其磁性,而且还有利于其进行冲压加工。

硅钢片在常温下的组织是单一的铁素体,硅溶于铁素体后增加了电阻,减少了涡流损失,能在较弱的磁场强度下具有较高的磁感应强度。硅钢片分为电机硅钢片和变压器硅钢片。电机硅钢片中硅的质量分数较低,约为$1\%\sim2.5\%$,塑性好,常见牌号为D1钢和D2钢;变压器硅钢片中硅的质量分数较高,约为$3\%\sim4\%$,磁性较好,但塑性差,常见牌号为D3钢和D4钢。

(3)无磁钢。无磁钢是指在电磁场作用下,不引起磁感或不被磁化的钢。由于无磁钢不受磁感应作用,也就不干扰电磁场,常用于制作电机绑扎钢丝绳和护环,变压器的盖板,电动仪表壳体与指针等。

七、低 温 钢

低温钢是指用于制作工作温度在0℃以下的零件和结构件的钢种。它广泛用于低温下工作的设备,如冷冻设备、制药氧设备、石油液化气设备、航天工业用的高能推进剂液氢等液体燃料的制造设备、南极与北极探险设备等。

衡量低温钢的主要性能指标是低温冲击韧度和韧脆转变温度,即低温冲击韧度愈高,韧脆转变温度愈低,则其低温性能愈好。常用的低温钢主要有:低碳锰钢、镍钢及奥氏体不锈钢。低碳锰钢适用于$-45\sim-70℃$范围,如09MnNiDR钢、09Mn2VRE钢等;镍钢使用温度可达$-196℃$;奥氏体不锈钢可达$-269℃$,如0Cr18Ni9钢、1Cr18Ni9钢等。

八、铸　　钢

铸钢一般应用于较重要的、复杂的、而且要求具有较高强度、塑性与韧性以及特殊性能的结构件,如机架、缸体、齿轮、连杆等。

铸钢的牌号是在一般合金钢的牌号前加"ZG"。后面第一组数字表示铸钢的名义万分碳的质量分数,其后排列的是各主要合金元素符号及其名义百分质量分数。合金元素的加入能使铸钢的某些性能得到进一步提高与改善。常用的低合金铸钢(合金元素的质量分数小于5%)有:ZGMn2钢、ZG35SiMn钢、ZG37SiMn2MoV钢、ZG40CrMnMo钢等。在有些场合下需用一些具有特殊性能的高合金铸钢(合金元素的质量分数大于10%),如ZGMn13钢用于制造高耐磨的坦克履带、挖土机掘斗等;ZG1Cr18Ni9钢(铸造不锈钢)用于制造耐酸泵等耐腐蚀工件。

思 考 题

一、名词解释

1.热脆;2.冷脆;3.普通质量非合金钢;4.优质非合金钢;5.特殊质量非合金钢;6.合金元素;7.合金钢;8.耐回火性;9.二次硬化;10.不锈钢;11.耐热钢。

二、填空题

1. 钢中所含有害杂质元素主要是_____、_____。

2. 非合金钢按钢中碳的质量分数可分为_____、_____、_____三类。

3. 普通质量非合金钢的质量等级可分为_____、_____、_____、_____四类。

4. 在非合金钢中按钢的用途可分为_____、_____两类。

5. T12A钢按用途分类属于_____钢;按碳的质量分数高低分类属于_____钢;按主要质量等级分类属于_____钢。

6. 45钢按用途分类属于_____钢;按碳的质量分数高低分类属于_____钢;按主要质量等级分类属于_____钢。

7. 钢中非金属夹杂物主要有:_____、_____、_____、_____等。

8. 低合金钢按主要质量等级分为_____钢、_____钢和_____钢。

9. 合金钢按主要质量等级可分为_____钢和_____钢。

10. 特殊物理性能钢包括_____钢、_____钢、_____钢和_____钢等。

11. 机械结构用钢按用途和热处理特点,分为_____钢、_____钢、_____钢和_____钢等。

12. 不锈钢按其使用时的组织特征分为_____钢、_____钢、_____钢、_____钢和_____钢五类。

13. 钢的耐热性包括_____性和_____强性两个方面。

14. 60Si2Mn钢是_____钢,它的最终热处理方法是_____。

15. 高速钢刀具在切削温度达600℃时,仍能保持_____和_____。

16. 铬不锈钢为了达到耐腐蚀目的,其铬的质量分数至少为_____。

17. 超高强度钢按化学成分和强韧化机制分类,可分_____、_____、_____和_____四类。

18. 常用的低温钢主要有:_____钢、_____钢及_____钢。

三、选择题

1. 08F牌号中,08表示其平均碳的质量分数为_____。
   A. 0.08%　　　　B. 0.8%　　　　C. 8%

2. 普通、优质和特殊质量非合金钢是按_____进行区分的。
   A. 主要质量等级　　B. 主要性能　　C. 使用特性　　D. 前三者综合考虑

3. 在下列三种钢中,_____钢的弹性最好;_____钢的硬度最高;_____钢的塑性最好。
   A. T10钢　　　　B. 20钢　　　　C. 65钢

4. 选择制造下列零件的材料:冷冲压件用_____;齿轮用_____;小弹簧用_____。
   A. 08F钢　　　　B. 70钢　　　　C. 45钢

5. 选择制造下列工具所用的材料:木工工具用_____;锉刀用_____;手锯锯条用_____。
   A. T8A钢　　　　B. T10钢　　　　C. T12钢

6.合金渗碳钢渗碳后必须进行_____后才能使用。

　　A. 淬火加低温回火　　　B. 淬火加中温回火　　　C. 淬火加高温回火

7.将下列合金钢牌号进行归类。

　　耐磨钢_____;合金弹簧钢_____;合金模具钢_____;不锈钢_____。

　　A. 60Si2MnA 钢　　　B. ZGMn13—1 钢　　　C. Cr12MoV 钢　　　D. 12Cr13 钢

8.为下列零件正确选材:

　　机床主轴用_____;汽车、拖拉机变速齿轮用_____;板弹簧用_____;滚动轴承用_____;储酸槽用_____;坦克履带用_____。

　　A. 12Cr18Ni9 钢　　　B. GCr15 钢　　　C. 40Cr 钢　　　D. 20CrMnTi 钢

　　E. 60Si2MnA 钢　　　F. ZGMn13—3 钢

9.为下列工具正确选材:

　　高精度丝锥用_____;热锻模用_____;冷冲模用_____;医用手术刀片用_____;麻花钻头用_____。

　　A. Cr12MoVA 钢　　　B. CrWMn 钢　　　C. 68Cr17 钢　　　D. W18Cr4V 钢

　　E. 5CrNiMo 钢

四、判 断 题

1.T10 钢碳的质量分数是 10%。(　　　)

2.高碳钢的质量优于中碳钢,中碳钢的质量优于低碳钢。(　　　)

3.碳素工具钢都是优质或高级优质钢。(　　　)

4.碳素工具钢的碳的质量分数一般都大于 0.7%。(　　　)

5.工程用铸钢可用于铸造成形复杂形状而力学性能要求较高的零件。(　　　)

6.氢对钢的危害很大,它使钢变脆(称氢脆),也可使钢产生微裂纹(称白点)。(　　　)

7.大部分低合金钢和合金钢的淬透性比非合金钢好。(　　　)

8.3Cr2W8V 钢一般用来制造冷作模具。(　　　)

9.GCr15 钢是滚动轴承钢,其铬的质量分数是 15%。(　　　)

10.Cr12MoVA 钢是不锈钢。(　　　)

11.40Cr 钢是常用的合金调质钢之一。(　　　)

12.无磁钢是指在电磁场作用下,不引起磁感或不被磁化的钢。(　　　)

13.低温钢是指用于制作工作温度在 0℃ 以下的零件和结构件的钢种。(　　　)

五、简 答 题

1.为什么在非合金钢中要严格控制硫、磷元素的质量分数? 而在易切削结构钢中又要适当地提高硫、磷元素的质量分数?

2.碳素工具钢中碳的质量分数不同,对其力学性能及应用有何影响?

3.与非合金钢相比,合金钢有哪些优点?

4.合金元素在钢中以什么形式存在? 对钢的性能有哪些影响?

5.一般来说,在碳的质量分数相同条件下,合金钢比非合金钢的淬火加热温度高、保温时间长,这是什么原因?

6.说明下列牌号属何类钢? 其数字和符号各表示什么?

20Cr 钢　　9CrSi 钢　　60Si2Mn 钢　　GCr15 钢　　12Cr13 钢　　Cr12 钢

7.耐磨钢常用牌号有哪些？它们为什么具有良好的耐磨性和良好的韧性？并举例说明其用途。

8.试列表比较合金渗碳钢、合金调质钢、合金弹簧钢、滚动轴承钢的典型牌号、常用最终热处理方法及主要用途。

9.不锈钢和耐热钢有何性能特点？并举例说明其用途。

六、课外调研

深入现场，了解非合金钢、低合金钢与合金钢在生活和机械制造中的应用情况与价格差别。

第五章

铸铁的牌号及应用

第一节 铸铁概述

铸铁是碳的质量分数 $w(C) > 2.11\%$,在凝固过程中经历共晶转变,含有较高硅元素及杂质元素含量较多的铁基合金的总称。铸铁与钢的主要区别在于铸铁比钢含有较高的碳和硅,并且硫、磷杂质含量较高。有时为了提高铸铁的力学性能或获得某种特殊性能,需加入铬、钼、钒、铜、铝等合金元素,从而形成合金铸铁。铸铁广泛应用于农业机械、汽车制造、冶金、矿山、石油化工、机床和重型机械制造和国防工业等行业。铸铁由于其强度、塑性及韧性较差,所以,铸铁不能进行锻造、轧制、拉丝等加工成形。

一、铸铁的种类

铸铁种类较多,根据碳在铸铁中存在形式的不同,铸铁可分为以下几种:

(1)白口铸铁。碳主要以游离碳化铁形式出现的铸铁,断口呈银白色,故称为白口铸铁。

(2)灰铸铁。碳主要以片状石墨形式析出的铸铁,断口呈灰色,故称为灰铸铁。

(3)可锻铸铁。由一定化学成分的白口铸铁经可锻化退火,使渗碳体分解而获得团絮状石墨的铸铁。

(4)球墨铸铁。铁液经过球化处理而不是在凝固后经过热处理,使石墨大部分或全部呈球状,有时少量为团絮状的铸铁,称为球墨铸铁。

(5)蠕墨铸铁。金相组织中石墨形态主要为蠕虫状的铸铁,故称蠕墨铸铁。

(6)麻口铸铁。碳部分以游离碳化铁形式析出,部分以石墨形式析出的铸铁,断口呈灰白色相间,故称麻口铸铁。

二、铸铁的石墨化及影响因素

铸铁中的碳以石墨形式析出的过程称为石墨化。在铁碳合金中,碳有两种存在形式:一是渗碳体,其中碳的质量分数为 6.69%;二是石墨,用符号 G 表示,碳的质量分数为 100%,石墨的强度、塑性和韧性很低。石墨具有特殊的简单六方晶格,如图 5-1 所示。晶格底面的原子间距为 1.42×10^{-10} m,两底面之间的间距为 3.40×10^{-10} m,因其面间距较大,结合力弱,故其结晶形态容易发展为片状。

碳在铸铁中以何种形式存在,与铁液的冷却速度有关。缓慢冷却时,从液体或奥氏体中直接析出石墨;快速冷却时,

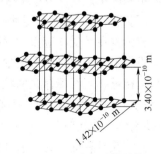

图 5-1 石墨的晶体结构

形成渗碳体。渗碳体在高温下进行长时间加热时,也可分解为铁和石墨(即 $Fe_3C \xrightarrow{\text{高温}} 3Fe+G$),这说明渗碳体是一种亚稳定相,而石墨则是一种稳定相。影响铸铁石墨化的因素较多,其中化学成分和冷却速度是影响石墨化的主要因素。

1. 化学成分的影响

化学成分是影响石墨化过程的主要因素之一。在化学成分中碳和硅是强烈促进石墨化的元素。铸铁中碳和硅的质量分数越大就愈容易石墨化。但质量分数过大会使石墨数量增多并粗化,从而导致铸铁力学性能下降。因此,在铸件壁厚一定的条件下,调整铸铁中碳和硅的质量分数是控制其组织和性能的基本措施之一。

2. 冷却速度的影响

冷却速度是影响石墨化过程的工艺因素。若冷却速度较快,碳原子来不及充分扩散,石墨化难以充分进行,则容易产生白口铸铁组织;若冷却速度缓慢,碳原子有时间充分扩散,有利于石墨化过程充分进行,则容易获得灰铸铁组织。对于薄壁铸件,由于其在成形过程中冷却速度快,则容易产生白口铸铁组织;而对于厚壁铸件,由于其在成形过程中冷却速度较慢,则容易获得灰铸铁组织。

第二节　常用铸铁

一、灰铸铁

1. 灰铸铁的化学成分、显微组织和性能

(1)化学成分。灰铸铁的化学成分大致是:$w(C)=2.5\%\sim4.0\%$,$w(Si)=1.0\%\sim2.5\%$,$w(Mn)=0.5\%\sim1.4\%$,$w(S)\leqslant0.15\%$,$w(P)\leqslant0.3\%$。

(2)显微组织。由于化学成分和冷却条件的综合影响,灰铸铁的显微组织可以有三种类型:铁素体(F)+片状石墨(G);铁素体(F)+珠光体(P)+片状石墨(G);珠光体(P)+片状石墨(G)。图5-2所示是铁素体灰铸铁的显微组织。灰铸铁的显微组织可以看成是钢的基体上分布着一些片状石墨。

(3)性能。由于石墨的强度、硬度和塑性都很低,因此,灰铸铁中存在的石墨,就相当于在基体组织上布满了大量的孔洞和裂缝,割裂了基体组织的连续性,从而减小了基体金属的有效承载面积。而且在石墨的尖角处容易产生应力集中,造成铸件局部损坏,并迅速扩展形成脆性断裂。因此,灰铸铁的抗拉强度和塑性比同样基体组织的钢低。若片状石墨愈多,愈粗大,分布愈不均匀,则灰铸铁的强度和塑性就愈低。

图 5-2　铁素体灰铸铁的显微组织

灰铸铁在承受压应力时,由于石墨不会缩小有效承载面积和不产生缺口应力集中现象,故灰铸铁的抗压强度与钢相近。当石墨存在的状态一定时,铁素体灰铸铁具有较高的塑性,但强度、硬度和耐磨性较低;珠光体灰铸铁的强度和耐磨性较高,但塑性较低;铁素体—珠光体灰铸铁的力学性能则介于上述两类灰铸铁之间。

灰铸铁具有优良的铸造性能,可铸造形状复杂的薄壁铸件;由于石墨片强度低、脆性大,切削时容易切断,又具有润滑作用,刀具磨损小,因此,灰铸铁具有良好的减摩性和切削加工性;同时,由于石墨能有效地吸收机械振动能量,所以,灰铸铁又具有良好的消震性,如机床床身、床头箱及各类机器底座等均使用灰铸铁制造。灰铸铁中由于石墨的存在,就相当于其内部存在大量的小缺口,故灰铸铁对其表面的小缺陷或小缺口等几乎不具有敏感性,所以,灰铸铁具有较低的缺口敏感性。

2. 灰铸铁的孕育处理(变质处理)

在铁液浇注之前,往铁液中加入少量的孕育剂(如硅铁或硅钙合金),使铁液内同时生成大量的、均匀分布的石墨晶核,改变铁液的结晶条件,使灰铸铁获得细晶粒的珠光体基体组织和细片状石墨组织的处理过程,称为孕育处理,也称为变质处理。经过孕育处理的灰铸铁,强度有较大提高,并且塑性和韧性也有所提高。孕育处理常用来制造力学性能要求较高,截面尺寸变化较大的大型铸件。

3. 灰铸铁的牌号及用途

灰铸铁的牌号用"HT+数字"组成。其中"HT"是"灰铁"两字汉语拼音的字首,其后的数字表示灰铸铁的最低的抗拉强度,如 HT100 表示灰铸铁,其最低抗拉强度为 100 MPa。常用灰铸铁的牌号、力学性能及用途见表 5-1。

表 5-1　灰铸铁的牌号、力学性能及用途举例

类　别	牌号	力 学 性 能		用 途 举 例
		R_m/MPa 不小于	硬度(HBW)	
铁素体灰铸铁	HT100	100	143～229	低载荷和不重要零件,如盖、外罩、手轮、支架
铁素体-珠光体灰铸铁	HT150	150	163～229	承受中等应力的零件,如底座、床身、工作台、阀体、管路附件及一般工作条件要求的零件
珠光体灰铸铁	HT200	200	170～241	承受较大应力和重要的零件,如汽缸体、齿轮、机座、床身、活塞、齿轮箱、油缸等
	HT250	250	170～241	
孕育铸铁	HT300	300	187～225	床身导轨、车床、冲床等受力较大的床身、机座、主轴箱、卡盘、齿轮等,高压油缸、泵体、阀体、衬套、凸轮、大型发动机的曲轴、汽缸体等
	HT350	350	197～269	

4. 灰铸铁的热处理

热处理只能改变灰铸铁的基体组织,而不能改变石墨的形状、大小和分布情况。热处理一般用于消除铸件的内应力和白口组织,稳定铸件尺寸和提高铸件工作表面的硬度及耐磨性。

(1)去内应力退火。铸铁件在冷却过程中,因各部位的冷却速度不同造成其收缩不一致,从而产生一定的内应力。这种内应力可以通过铸件的变形得到缓解,但是这一过程比较缓慢,因此,铸件在成形后一般都需要进行去内应力退火(或称时效处理),特别是一些大型、复杂或加工精度较高的铸件(如床身、机架等)必须进行时效处理。

铸件去内应力退火是将铸件缓慢加热到 500～650℃,保温一定时间(2～6 h),利用塑性变形降低铸件内应力,然后随炉缓冷至 200℃以下出炉空冷,也称为人工时效。铸件经过去内应力退火,可消除铸件内部 90%以上的内应力。对大型铸件可采用自然时效,即将铸件在露天下放置半年以上,使铸造应力缓慢松弛,从而使铸件尺寸稳定。典型去内应力退火工艺曲线如图 5-3 所示。

（2）软化退火。铸铁件在其表面或某些薄壁处易出现白口组织,故需利用软化退火来消除白口组织,以改善其切削加工性能。软化退火是将铸件缓慢加热到 850～950℃,保持一定时间（一般为 1～3 h）,使渗碳体分解（Fe$_3$C $\xrightarrow{\text{高温}}$ A+G）,然后随炉冷却至 400～500℃出炉空冷,得到以铁素体或铁素体－珠光体为基体的灰铸铁。

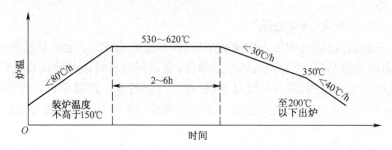

图 5-3　铸件去内应力退火工艺曲线

（3）正火。铸铁件正火是将铸件加热到 850～920℃,经 1～3 h 保温后,出炉空冷,得到以珠光体为基体的灰铸铁。

（4）表面淬火。表面淬火目的是提高铸件（如内燃机气缸套内壁、机床导轨表面等）表面硬度和耐磨性,如机床导轨表面采用接触电阻加热表面淬火后,其表面的耐磨性会显著提高,而且导轨变形较小。

二、球墨铸铁

球墨铸铁是 20 世纪 50 年代发展起来的一种新型铸铁,它是由普通灰铸铁熔化的铁液,经过球化处理得到的。球化处理的方法是在铁液出炉后,浇注前加入一定量的球化剂（稀土镁合金等）和等量的孕育剂,使石墨以细小球状析出。

1. 球墨铸铁的化学成分、显微组织和性能

（1）化学成分。球墨铸铁的化学成分大致是：$w(C) = 3.6\% \sim 3.9\%$；$w(Si) = 2.0\% \sim 2.8\%$,$w(Mn) = 0.6\% \sim 0.8\%$,$w(S) < 0.04\%$,$w(P) < 0.1\%$,$w(Mg) = 0.03\% \sim 0.05\%$。

（2）显微组织。球墨铸铁按基体组织的不同,球墨铸铁的组织可分为三种：铁素体（F）＋球状石墨（G）；铁素体（F）＋珠光体（P）＋球状石墨（G）,珠光体（P）＋球状石墨（G）。图 5-4 所示为铁素体球墨铸铁的显微组织形貌。

（3）性能。球墨铸铁的力学性能与其基体组织的类型以及球状石墨的大小、形状及分布状况有关。由于球状石墨对基体组织的割裂作用最小,所以,球墨铸铁的力学性能优于灰铸铁,具有较高的强度和良好的塑性与韧性,如屈服点比碳素结构钢高,疲劳强度接近中碳钢。同时,它还具有与灰铸铁类似的优良性能。此外,球墨铸铁通过各种热处理,可以明显地提高其力学性能。但球墨铸铁的铸造性能不如灰铸铁好,对原材料及处理工艺要求较高。球墨铸铁可以替代铸钢或锻件,常用于制造汽车、拖拉机或柴油机中的连杆、凸轮轴、齿轮,机床

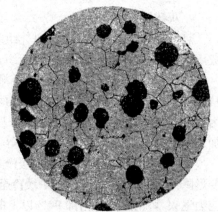

图 5-4　铁素体球墨铸铁的显微组织

中的蜗轮、蜗杆、主轴等。

2. 球墨铸铁的牌号及用途

球墨铸铁的牌号用"QT＋数字－数字"表示。"QT"是"球铁"两字汉语拼音的字首,两组数字分别代表球墨铸铁的最低抗拉强度和最低伸长率。表 5-2 为部分球墨铸铁的牌号、力学性能及用途。

表 5-2　球墨铸铁的牌号、力学性能及用途

基体类型	牌号	R_m /MPa	$R_{p0.2}$ /MPa	$A_{11.3}$ /%	硬度 (HBW)	应用举例
铁素体	QT400－15	400	250	15	130～180	阀体,汽车、内燃机车零件,机床零件,减速器壳
	QT450－10	450	310	10	160～210	
铁素体－珠光体	QT500－7	500	320	7	170～230	机油泵齿轮,机车、车辆轴瓦
珠光体	QT700－2	700	420	2	225～305	柴油机曲轴、凸轮轴,汽缸体、汽缸套,活塞环
	QT800－2	800	480	2	245～335	
下贝氏体	QT900－2	900	600	2	280～360	汽车螺旋锥齿轮,拖拉机减速齿轮,柴油机凸轮轴

3. 球墨铸铁的热处理

球墨铸铁的热处理工艺性能较好,凡是钢可以进行的热处理工艺,一般都适合于球墨铸铁,而且球墨铸铁通过热处理改善性能的效果比较明显。球墨铸铁常用的热处理工艺有:

(1)退火。退火的主要目的是为了得到铁素体基体的球墨铸铁,提高其塑性和韧性,改善切削加工性能,消除内应力。

(2)正火。正火的目的是为了得到珠光体基体的球墨铸铁,提高其强度和耐磨性。

(3)调质。调质的目的是为了获得回火索氏体基体的球墨铸铁,从而使铸件获得良好的综合力学性能,如柴油机连杆、曲轴等零件。

(4)贝氏体等温淬火。贝氏体等温淬火是为了得到贝氏体基体的球墨铸铁,从而获得高强度、高硬度和较高韧性的综合力学性能。贝氏体等温淬火适用于形状复杂、易变形或易开裂的铸件,如齿轮、凸轮轴等。

三、蠕墨铸铁

蠕墨铸铁是 20 世纪 60 年代开发的一种新型铸铁材料。它是用高碳、低硫、低磷的铁液加入蠕化剂(稀土镁钛合金、稀土镁钙合金、稀土硅铁合金等),经蠕化处理后获得的高强度铸铁。

1. 蠕墨铸铁的化学成分、显微组织和性能

(1)化学成分。蠕墨铸铁的原铁液一般属于含高碳硅的共晶合金或过共晶合金。

(2)显微组织。蠕墨铸铁中的石墨呈短小的蠕虫状,其形状介于片状石墨和球状石墨之间,如图 5-5 所示。蠕墨铸铁的显微组织有三种类型:铁素体(F)＋蠕虫状石墨(G);珠光体

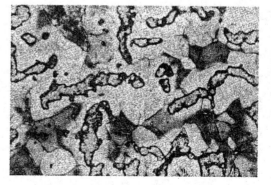

图 5-5　铁素体蠕墨铸铁的显微组织

(P)－铁素体(F)＋蠕虫状石墨(G)；珠光体(P)－蠕虫状石墨(G)。

(3)性能。蠕虫状石墨对基体产生的应力集中与割裂现象明显减小，因此，蠕墨铸铁的力学性能优于基体组织相同的灰铸铁而低于球墨铸铁，而且蠕墨铸铁在铸造性能、导热性能等方面要比球墨铸铁好。

2.蠕墨铸铁的牌号及用途

蠕墨铸铁的牌号用"RuT＋数字"表示。"RuT"表示蠕铁，其后数字表示蠕墨铸铁的最低抗拉强度。常用蠕墨铸铁牌号与力学性能见表5-3。

表 5-3   蠕墨铸铁的牌号、力学性能

基体类型	牌号	R_m/MPa	$R_{p0.2}/MPa$	$A_{11.3}/\%$	硬度
		不小于			(HBW)
珠光体	RuT450	450	315	1.0	200～250
铁素体－珠光体	RuT350	350	245	1.5	160～220
铁素体	RuT300	300	210	2.0	140～210

由于蠕墨铸铁具有较好的力学性能，以及良好的铸造性能和导热性能。故常用于制造受热、循环载荷、要求组织致密、强度较高、形状复杂的大型铸件，如机床的立柱、柴油机的汽缸盖、缸套、排气管等。

四、可锻铸铁

可锻铸铁俗称玛钢、马铁。它是由一定化学成分的白口铸铁经可锻化退火，使渗碳体分解从而获得团絮状石墨的铸铁。

1.可锻铸铁的化学成分、显微组织和性能

(1)化学成分。为了保证铸件在冷却时获得白口组织，又要在退火时容易使渗碳体分解，并呈团絮状石墨析出，要求严格控制铁液的化学成分。与灰铸铁相比，可锻铸铁中碳和硅的质量分数较低，以保证铸件获得白口组织。一般可锻铸铁中 $w(C)＝2.2\%\sim2.8\%$，$w(Si)＝1.2\%\sim1.8\%$。

(2)显微组织。如图5-6所示，可锻化退火是将白口铸铁件加热到900～980℃，经长时间保温，使组织中的渗碳体分解为奥氏体和团絮状石墨。然后缓慢降温，奥氏体将在已形成的团

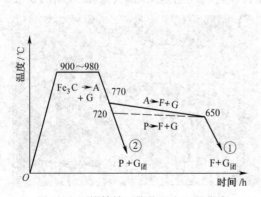

图 5-6   可锻铸铁可锻化退火工艺曲线

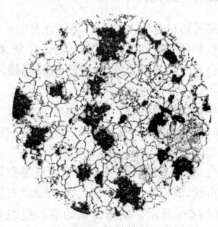

图 5-7   黑心可锻铸铁的显微组织

絮状石墨上不断析出石墨。当冷却至共析转变温度范围(650～770℃)时,如果缓慢冷却,得到以铁素体为基体的黑心可锻铸铁,也称为铁素体可锻铸铁;如果在通过共析转变温度时的冷却速度较快,则得到以珠光体为基体的可锻铸铁。黑心可锻铸铁的显微组织如图5-7所示。

(3)性能。可锻铸铁中的石墨呈团絮状,对其基体组织的割裂作用较小,因此,它的力学性能比灰铸铁有所提高,但可锻铸铁并不能进行锻压加工。可锻铸铁基体组织的不同,其性能也不一样,其中黑心可锻铸铁具有较高的塑性和韧性,而珠光体可锻铸铁则具有较高的强度、硬度和耐磨性。

2.可锻铸铁的牌号及用途

可锻铸铁的牌号是由"KTH+数字-数字"或"KTZ+数字-数字"组成。其中前两个字母"KT"是"可铁"两字汉语拼音的字首;第三个字母代表类别,"H"表示"黑心"(即铁素体基体),"Z"表示珠光体基体;其后的两组数字分别表示可锻铸铁的最低抗拉强度和最低伸长率。表5-4列出了可锻铸铁的牌号、力学性能及主要用途。

表5-4　可锻铸铁的牌号、力学性能及用途

类型	牌号	R_m /MPa	$A_{11.3}$ /%	硬度 (HBW)	应用举例
		不小于			
黑心可锻铸铁	KTH330-08	330	8	≤150	汽车、拖拉机的后桥外壳、转向机构、弹簧钢板支座等,低压阀门,管接头,板手,铁道扣板和农具等
	KTH370-12	370	12		
珠光体可锻铸铁	KTZ550-04	550	4	180～230	曲轴,连杆,齿轮,凸轮轴,摇臂,活塞环等

可锻铸铁具有铁液处理简单,质量比球墨铸铁稳定,容易组织流水线生产,低温韧性好等优点,广泛应用于汽车、拖拉机等机械制造行业,用于制造形状复杂、承受冲击载荷的薄壁(厚度<25 mm)、中小型零件。但可锻铸铁的退火时间较长(几十小时),能源消耗大,生产率低,成本高。

第三节　合金铸铁

常规元素硅、锰高于普通铸铁规定含量或含有其他合金元素,具有较高力学性能或某种特殊性能的铸铁,称为合金铸铁。常用的合金铸铁有抗磨铸铁、耐热铸铁及耐腐蚀铸铁等。

一、抗磨铸铁

不易磨损的铸铁称为抗磨铸铁。通常通过激冷或向铸铁中加入铬、钨、钼、铜、锰、磷等元素,在铸铁中形成一定数量的硬化相来提高其耐磨性。抗磨铸铁按其工作条件大致可分为两类:减摩铸铁和抗磨白口铸铁。减摩铸铁是在润滑条件下工作的;抗磨白口铸铁是在无润滑、干摩擦条件下工作的。

在润滑条件下工作的零件,如机床导轨、汽缸套、活塞环和轴承等,其组织应为软基体上分布着硬组织。珠光体灰铸铁基本上符合上述要求,其珠光体基体中的铁素体为软基体,渗碳体为硬组织,石墨片是良好的润滑剂,并且由于石墨组织的"松散"特点,石墨所在之处可以储存润滑油,从而达到润滑摩擦表面的效果。

在干摩擦条件下工作的零件,如犁铧、轧辊、抛丸机叶片和球磨机磨球等,应具有均匀的高

硬度组织,如白口铸铁就是一种较好的抗磨铸铁。抗磨白口铸铁的牌号由 KmTB(抗磨白口铸铁)、合金元素符号及其质量百分含量数字组成,如 KmTBNi4Cr2—DT、KmTBNi4Cr2—GT、KmTBCr20Mo、KmTBCr26 等。牌号中的"DT"表示低碳,"GT"表示高碳。

二、耐热铸铁

可以在高温下使用,其抗氧化或抗生长性能符合使用要求的铸铁,称为耐热铸铁。铸铁在反复加热、冷却时产生体积长大的现象称为铸铁的生长。在高温下铸铁产生的体积膨胀是不可逆的,这是由于铸铁内部发生氧化现象和石墨化现象引起的。因此,铸铁在高温下损坏的主要形式是在反复加热、冷却过程中,发生相变(渗碳体分解)和氧化,从而引起铸铁生长以及产生微裂纹。

为了提高铸铁的耐热性,常向铸铁中加入硅、铝、铬等合金元素,使铸铁表面形成一层致密的 SiO_2、Al_2O_3、Cr_2O_3 氧化膜,阻止氧化性气体渗入铸铁内部产生内氧化,从而抑制铸铁的生长。国外应用较多的耐热铸铁是铬、镍系耐热铸铁,我国目前广泛应用的是高硅、高铝或铝硅耐热铸铁以及铬耐热铸铁。耐热铸铁的牌号用"RT"表示,如 RTSi5、RTCr16 等;如果牌号中有字母"Q",则表示球墨铸铁,数字表示合金元素的百分质量分数,如 RQTSi5、RQTAl22 等。耐热铸铁主要用于制作工业加热炉附件,如炉底板、烟道挡板、废气道、传递链构件、渗碳坩埚、热交换器、压铸模等。

三、耐蚀铸铁

能耐化学、电化学腐蚀的铸铁,称为耐蚀铸铁。耐蚀铸铁中通常加入的合金元素是硅、铝、铬、镍、钼、铜等,这些合金元素能使铸铁表面生成一层致密稳定的氧化物保护膜,从而提高耐蚀铸铁的耐腐蚀能力。常用的耐蚀铸铁有:高硅耐蚀铸铁、高硅钼耐蚀铸铁、高铝耐蚀铸铁、高铬耐蚀铸铁、镍铸铁等。耐蚀铸铁主要用于化工机械,如管道、阀门、耐酸泵、反应锅及容器等。

常用的高硅耐蚀铸铁的牌号有 STSi11Cu2CrRE、STSi5RE、STSi15Mo3RE 等。牌号中的"ST"表示耐蚀铸铁,RE 是稀土代号,数字表示合金元素的百分质量分数。

思 考 题

一、名词解释

1.白口铸铁;2.可锻铸铁;3.灰铸铁;4.球墨铸铁;5.蠕墨铸铁;6.合金铸铁。

二、填 空 题

1.根据铸铁中碳的存在形式,铸铁分为 _____、_____、_____、_____、_____、_____ 等。

2.可锻铸铁是由一定化学成分的 _____ 经可锻化 _____,使 _____ 分解获得 _____ 石墨的铸铁。

3.常用的合金铸铁有 _____ 铸铁、_____ 铸铁及 _____ 铸铁等。

三、选 择 题

1.为提高灰铸铁的表面硬度和耐磨性,采用 _____ 热处理方法效果较好。

A. 接触电阻加热表面淬火　　B. 等温淬火　　　　　C. 渗碳后淬火加低温回火

2. 球墨铸铁经_____可获得铁素体基体组织;经_____可获得下贝氏体基体组织。

A. 退火　　　　　　　　　B. 正火　　　　　　　　C. 贝氏体等温淬火

3. 为下列零件正确选材:

机床床身用_____;汽车后桥外壳用_____;柴油机曲轴用_____;排气管用_____。

A. RuT450　　　　　　　　B. QT700—2　　　　　C. KTH330—08　　　　D. HT300

4. 为下列零件正确选材:

轧辊用_____;炉底板用_____;耐酸泵用_____。

A. STSi11Cu2CrRE　　　　　B. RTCr16　　　　　　C. 抗磨铸铁

四、判 断 题

1. 热处理可以改变灰铸铁的基体组织,但不能改变石墨的形状、大小和分布情况。(　　)

2. 可锻铸铁比灰铸铁的塑性好,因此,可以进行锻压加工。(　　)

3. 厚壁铸铁件的表面硬度总比其内部高。(　　)

4. 可锻铸铁一般只适用于薄壁小型铸件。(　　)

5. 白口铸铁件的硬度适中,易于进行切削加工。(　　)

五、简 答 题

1. 影响铸铁石墨化的因素有哪些?

2. 球墨铸铁是如何获得的? 它与相同基体组织的灰铸铁相比,其突出的性能特点是什么?

3. 下列牌号各表示什么铸铁? 牌号中的数字表示什么意义?

①HT250　②QT450—10　③KTH370—12　④KTZ550—04　⑤RuT300　⑥RTSi5

4. 常用铸铁有几种基体组织? 为什么会出现这些不同的基体组织?

六、课外调研

观察铸铁在生活和生产中的生产及应用,分析铸铁在机械设备制造中的地位和作用。

第六章

非铁金属及其合金

非铁金属是除钢铁材料以外的其他金属材料的总称,如铝、镁、铜、锌、锡、铅、镍、钛、金、银、铂、钒、钼等金属及其合金就属于非铁金属。非铁金属的种类很多,由于冶炼比较困难,成本较高,其产量和使用量远不如钢铁材料多。但是,由于非铁金属具有某些特殊的物理性能和化学性能,是钢铁材料所不具备的,因而使其成为现代工业中一种不可缺少的重要的金属材料,广泛应用于机械制造、航空、航海、汽车、石化、电力、电器、核能及计算机等部门。常用的非铁金属有:铝及铝合金、铜及铜合金、钛及钛合金、滑动轴承合金、硬质合金等。

我国非铁金属产品的牌号、代号的表示方法比较复杂,目前正逐步向国际标准化组织规定的方法靠拢。在新旧牌号命名方法的过渡期间,国内原有的牌号、代号表示方法仍可继续使用。

第一节　铝及铝合金

在非铁金属中,铝及铝合金是应用最广的金属材料,也是在地球储量中比铁多的金属。目前铝的产量仅次于钢铁材料,铝及其合金广泛用于电气、汽车、车辆、化工及航空航天等部门。

根据 GB/T 16474—1996《变形铝及铝合金牌号表示方法》的规定,我国变形铝及铝合金牌号表示采用国际四位数字体系牌号和四位字符体系牌号两种命名方法。在国际牌号注册组织中注册命名的铝及铝合金,直接采用四位数字体系牌号,按化学成分在国际牌号注册组织未命名的,则按 4 位字符体系牌号命名,两种牌号命名方法的区别仅在第 2 位。牌号第 1 位数字表示变形铝及铝合金的组别,见表 6-1 所示;牌号第 2 位数字(国际 4 位数字体系)或字母(4 位字符体系,除字母 C、I、L、N、O、P、Q、Z 外)表示对原始纯铝或铝合金的改型情况,数字"0"或字母"A"表示原始合金,如果是 1~9 或 B~Y,则表示对原始合金的改型情

表 6-1　铝及铝合金的组别分类

组　　别	牌号系列
纯铝(铝含量不小于 99.00%)	1×××
以铜为主要合金元素的铝合金	2×××
以锰为主要合金元素的铝合金	3×××
以硅为主要合金元素的铝合金	4×××
以镁为主要合金元素的铝合金	5×××
以镁和硅为主要合金元素并以 Mg_2Si 为强化相的铝合金	6×××
以锌为主要合金元素的铝合金	7×××
以其他合金元素为主要合金元素的铝合金	8×××
备用合金组	9×××

况;最后两位数字用以标识同一组中不同的铝合金,对于纯铝则表示铝的最低质量分数中小数点后面的两位数。

一、纯　铝

1.纯铝的性能

铝的质量分数不低于 99.00% 时为纯铝。纯铝是银白色的轻金属,密度(2.7g/cm³)小;铝的熔点(660℃)低,结晶后具有面心立方晶格,无同素异构转变现象;铝有良好的导电和导热性能,仅次于银和铜;铝和氧的亲合力强,容易在其表面形成致密的 Al_2O_3 薄膜,该薄膜能有效地防止铝被继续氧化,故纯铝在非工业污染的大气中有良好的耐腐蚀性,但其不耐碱、酸、盐等介质的腐蚀;纯铝的塑性好($Z \approx 80\%$),但强度低($R_m \approx 80 \sim 100$ MPa),不能用热处理进行强化,冷变形强化是提高纯铝强度的主要手段,经冷变形强化后,纯铝强度可提高到 $150 \sim 250$ MPa,而塑性则下降到 $Z = 50\% \sim 60\%$。

2.纯铝的牌号及应用

纯铝牌号用 1××× 四位数字、字符组合表示,牌号的最后两位数字表示最低铝百分含量。当最低铝百分含量精确到 0.01% 时,牌号的最后两位数字就是最低铝百分含量中小数点后面的两位。例如,1A99(原 LG5),其 $w(Al) = 99.99\%$;1A97(原 LG4),其 $w(Al) = 99.97\%$;1A93(原 LG3),其 $w(Al) = 99.93\%$ 等。

纯铝主要用于熔炼铝合金,制造电线、电缆、电器元件、换热器件以及要求制作质轻、导热与导电、耐大气腐蚀但强度要求不高的机电构件等。

二、铝 合 金

在纯铝中加入一种或几种其他元素(如铜、镁、硅、锰、锌等)所形成的非铁金属,称为铝合金。铝合金经过冷加工或热处理,其抗拉强度可进一步提高到 500 MPa 以上。铝合金的比强度(抗拉强度与密度的比值)高,具有良好的耐腐蚀性和可加工性,适合制作承受较重载荷的零件,广泛应用于汽车制造、民用产品、航空和航天工业中。

1.铝合金的分类

如图 6-1 所示,可将铝合金分为变形铝合金和铸造铝合金两类。相图中的 DF 线是合金元素在 α 固溶体中的溶解度变化曲线,D 点是合金元素在 α 固溶体中的最大溶解度。合金元素含量低于 D 点化学成分的合金,当加热到 DF 线以上时,能形成单相固溶体(α)组织,因而其塑性较高,适于压力加工,故称为变形合金。其中合金元素含量在 F 点以左的合金,由于其固溶体化学成分不随温度而变化,不能进行热处理强化,称为热处理不可强化铝合金。而化学成分在 F 点以右的铝合金(包括铸铝合金),其固溶体化学成分随温度变化而沿 DF 线变化,可以用热处理的方法使合金强化,称为热处理可强化铝合金。合金元素含量超过 D 点化学成分的合金,具有共晶组织,适合于铸造成形,不适于压力加工,故称为铸造铝合金。常用铝合金的分类如下:

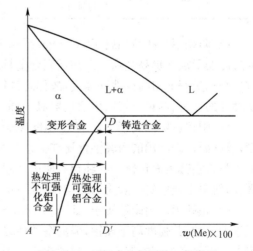

图 6-1　二元铝合金相图的一般类型

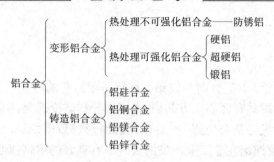

2.变形铝合金

变形铝合金一般由冶金厂加工成各种规格的型材(板、带、管、线等)供应给用户。在旧标准 GB 3190—1982 中规定变形铝合金的代号用"L+代号+数字"表示。L 是"铝"字汉语拼音字首;其后的代号表示变形铝合金的类别,如"F"表示防锈铝,"Y"表示硬铝,"C"表示超硬铝,"D"表示锻铝。数字表示合金的顺序号。例如,LC4 表示 4 号超硬铝合金。

铝合金牌号直接引用国际 4 位数字体系牌号或采用 4 位字符体系牌号。各类铝合金的主要特性、用途及新旧牌号对照见表 6-2。

表 6-2　变形铝合金主要特性和用途举例

类别	旧代号	新牌号	主 要 特 征	用 途 举 例
防锈铝	LF2	5A02	热处理不可强化,强度不高,塑性与耐腐蚀性好,焊接性好	在液体介质中工作的零件,如油箱、油管、液体容器、防锈蒙皮等
	LF21	3A21		
硬铝	LY12	2A12	热处理可强化,力学性能良好,但耐腐蚀性不高	中等强度的零件和构件,如飞机上骨架等零件、蒙皮、铆钉
超硬铝	LC4	7A04	室温强度高,塑性较低,耐腐蚀性不高	高载荷零件,如飞机上的大梁、桁条、加强框、起落架
锻铝	LD5	2A50	高强度锻铝,锻造性能好,耐腐蚀性不高,切削加工性好	形状复杂和中等强度的锻件、冲压件
	LD7	2A70	耐热锻铝,热强性较高,耐腐蚀性不高,切削加工性好	内燃机活塞、叶轮,在高温下工作的复杂锻件

(1)防锈铝。防锈铝属于 Al—Mn 系和 Al—Mg 系合金,不能进行热处理强化,一般只能通过冷变形加工提高其强度。防锈铝合金具有适中的强度、优良的塑性及良好的焊接性能,具有比纯铝更好的耐腐蚀性和强度,故称防锈铝合金。防锈铝合金主要用于制造要求具有高耐腐蚀性的油罐、油箱、导管、生活用器皿、窗框、车辆、铆钉及防锈蒙皮等。

(2)硬铝。硬铝属于 Al—Cu—Mg 系合金。硬铝经固溶和时效处理后能获得较高的强度,故称硬铝。硬铝的耐腐蚀性比纯铝差,尤其是耐海洋大气腐蚀的性能较低,所以,有些硬铝的板材常在其表面包覆一层纯铝后使用。硬铝主要用于制作中等强度的构件和零件,如铆钉、螺栓,航空工业中的一般受力结构件(如飞机翼肋、翼梁、螺旋桨叶片等)。

(3)超硬铝。超硬铝属于 Al—Cu—Mg—Zn 系合金。超硬铝是在硬铝的基础上再添加锌元素形成的,其强度高于硬铝,但耐腐蚀性较差。超硬铝经固溶和人工时效后,可以获得在室温条件下强度最高的铝合金。超硬铝主要用于制作受力大的重要构件及高载荷零件,如飞机大梁、桁架、翼肋、活塞、加强框、起落架、螺旋桨叶片等。

(4)锻铝。锻铝大多属于 Al—Cu—Mg—Si 系合金。锻铝的力学性能与硬铝相近,由于其热塑性较好,因此适于压力加工,如锻压、冲压等,可用来制造各种形状复杂的零件或制成棒材。

三、铸造铝合金

铸造铝合金是指以铝为基的铸造合金。铸造铝合金与变形铝合金相比,一般含有较高的合金元素,具有良好的铸造性能,但塑性与韧性较低,不能进行压力加工。按其所加合金元素的不同,铸造铝合金主要有:Al-Si 系;Al-Cu 系;Al-Mg 系;Al-Zn 系合金等。铸造铝合金代号用"ZL+三位数字"表示,其中"ZL"为"铸铝"二字的汉语拼音字母的字首。第一位阿拉伯数字表示合金的类别:"1"表示 Al-Si 系;"2"表示 Al-Cu 系;"3"表示 Al-Mg 系;"4"表示 Al-Zn 系。第二、第三位阿拉伯数字表示铸造铝合金的顺序号,例如,ZL201 表示 1 号铸造铝铜合金。

铸造铝合金牌号由铝(Al)和主要合金元素的化学符号,以及表示主要合金元素名义质量百分含量的数字组成,并在其牌号前面冠以"铸"字的汉语拼音字母的字首"Z"。例如,ZAlSi12,表示 $w(Si)=12\%$,$w(Al)=88\%$ 的铸造铝合金。常用铸造铝合金的力学性能和特点见表 6-3。

表 6-3　部分铸造铝合金的牌号、代号、力学性能和特点

类　别		合金牌号	合金代号	力 学 性 能					特　点
				铸造方法	热处理	R_m/MPa	A/%	HBW	
铝硅合金	简单铝硅合金	ZAlSi2	ZL102	金属型铸造	铸态	155	2	50	铸造性能好,力学性能较低
	特殊铝硅合金	ZAlSi7Mg	ZL101	金属型铸造	T5	205	2	60	良好的铸造性能和力学性能
		ZAlSi7Cu4	ZL107		T6	275	2.5	100	
铝铜合金		ZAlCu5Mn	ZL201	砂型铸造	固溶加自然时效	295	8	70	耐热性好,铸造性能及耐腐蚀性较低
铝镁合金		ZAlMg10	ZL301	砂型铸造	固溶加自然时效	280	10	60	力学性能和耐腐蚀性较高
铝锌合金		ZAlZn11Si7	ZL401	金属型铸造	人工时效	244	1.5	90	铸造性能好,力学性能较高

注:T5—固溶加不完全人工时效;T6—固溶加完全人工时效。

(1)Al-Si 系铸造铝合金。由铝、硅两种元素组成的铸造铝合金称为简单铸造铝硅合金;除铝硅外还加入其他元素形成的铸造铝合金称为特殊铸造铝硅合金。简单铸造铝硅合金强度不高。特殊铸造铝硅合金因加入铜、镁、锰等元素可使合金得到强化,并可通过热处理进一步提高其力学性能。铸造铝硅合金有良好的铸造性能,可用来制作内燃机活塞、汽缸体、汽缸头、汽缸套、风扇叶片、形状复杂的薄壁零件以及电机、仪表的外壳、油泵壳体、发动机箱体等。

(2)Al-Cu 系铸造铝合金。Al-Cu 系铸造铝铜合金具有较高强度,加入镍、锰可提高其耐热性,可用于制作高强度或高温条件下工作的零件,如内燃机汽缸、活塞、支臂等。

(3)Al-Mg 系铸造铝合金。Al-Mg 系铸造铝镁合金有良好的耐腐蚀性,可用于制作在

腐蚀介质条件下工作的铸件,如氨用泵体、泵盖及舰船配件等。

(4)Al—Zn 系铸造铝合金。Al—Zn 系铸造铝锌合金具有较高强度,价格便宜,用于制造医疗器械、仪表零件、飞机零件和日用品等。

铸造铝合金可采用变质处理细化晶粒。即在液态合金液中加入氟化钠和氯化钠的混合盐(2/3NaF+1/3NaCl),加入量为合金重量的 1%～3%。这些盐和液态铝合金相互作用,细化晶粒,可以使铸造铝合金的抗拉强度提高 30%～40%,伸长率提高 1%～2%。

四、铝合金的热处理

1. 铝合金的热处理特点

铝合金的热处理机理与钢不同。一般钢经淬火后,硬度和强度立即提高,塑性下降。铝合金则不同,能进行热处理强化的铝合金,经固溶处理后硬度和强度不能立即提高,而塑性与韧性却显著提高。但铝合金在室温放置一段时间后,其硬度和强度才显著提高,塑性与韧性则明显下降,如图 6-2 所示。铝合金的性能随时间而发生显著变化的现象,称为时效或时效硬化。这是因为铝合金经固溶处理后,获得的过饱和固溶体是不稳定组织,有析出第二相金属化合物的趋势。铝合金的时效分为自然时效和人工时效两种。铝合金经固溶处理后,在室温下进行的时效称为"自然时效";在加热

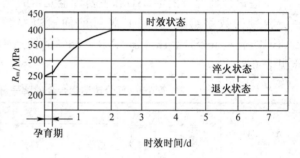

图 6-2　铝合金$[w(Cu)=4\%]$自然时效曲线

条件(一般 100～200℃)下进行的时效称为"人工时效"。

2. 铝合金的热处理方法

铝合金常用的热处理方法有:软化处理,固溶处理和时效等。其中软化处理可消除铝合金的加工硬化,恢复其塑性变形能力,消除铝合金铸件的内应力和化学成分偏析。固溶处理目的是获得均匀的过饱和固溶体。时效处理是使固溶处理后的铝合金达到最高强度,固溶处理加时效是强化铝合金的主要途径之一。

第二节　铜及铜合金

铜元素在地球中的储量较少,但铜及其合金却是人类历史上使用最早的金属材料。目前工业上使用的铜及其合金主要有:工业纯铜、黄铜、青铜及白铜。

一、工业纯铜

工业纯铜呈玫瑰红色,表面形成氧化铜膜后,为紫红色,故俗称紫铜。由于工业纯铜是用电解方法提炼出来的,故又称电解铜。

1. 工业纯铜的性能

纯铜的熔点为 1 083℃,密度为 8.96g/cm³,具有面心立方晶格,没有同素异构转变现象。纯铜具有很高的导电性和导热性,并具有抗磁性。纯铜在含 CO_2 的湿空气中,其表面容易生成碱性碳酸盐类的绿色薄膜〔$CuCO_3 \cdot Cu(OH)_2$〕,俗称铜绿。纯铜的抗拉强度($\sigma_b=230\sim250$ MPa)

不高,硬度(HBW＝30～40)较低,但塑性(δ＝45％～50％)很好,容易进行压力加工。纯铜经冷塑性变形后,可提高其强度(σ_b＝400～430 MPa),但塑性会下降至δ＝1％～2％。

纯铜的化学稳定性较高,在非工业污染的大气、淡水等介质中均有良好的耐腐蚀性,在非氧化性酸溶液中也能耐腐蚀,而在氧化性酸(HNO_3、浓 H_2SO_4 等)溶液以及各种盐类溶液(包括海水)中则容易受到腐蚀。

2.工业纯铜的牌号及用途

工业纯铜(压力加工产品)的牌号用 "T＋数字" 表示,"T" 为"铜"的汉语拼音字母的字首,阿拉伯数字"3"表示顺序号,如 T3 表示 3 号纯铜。顺序号数字越大,工业纯铜的纯度越低。工业纯铜有:T1、T2、T3 三个牌号。由于工业纯铜的强度低,不宜作为结构材料使用,因而广泛用于制造电线、电缆、电子器件、导热器件以及作为冶炼铜合金的原料等。表 6-4 为工业纯铜的牌号、化学成分和用途举例。

表 6-4　工业纯铜的牌号、化学成分和用途

牌号读法	牌号	化学成分/％				用　　途
		$w(Cu)$ (不小于)	$w(Bi)$	$w(Pb)$	杂质总量	
一号铜	T1	99.95	0.001	0.003	0.05	导电、导热、耐腐蚀器具材料,如电线、蒸发器、雷管、储藏器等
二号铜	T2	99.90	0.001	0.005	0.10	
三号铜	T3	99.70	0.002	0.010	0.30	

二、铜合金的分类

铜合金是以铜为基体,加入合金元素形成的非铁金属。铜合金与工业纯铜相比,不仅强度高,而且还具有优良的物理性能和化学性能。铜合金按合金的化学成分,可分为黄铜、白铜和青铜三类。根据生产方法的不同,铜合金分为压力加工铜合金与铸造铜合金两类。

(1)黄铜。黄铜是指以铜为基体,以锌为主加元素的铜合金。普通黄铜是铜锌二元合金;在普通黄铜中加入其它元素所形成的铜合金称为特殊黄铜,如铅黄铜、锰黄铜、铝黄铜等。

(2)白铜。白铜是指以铜为基体,以镍为主加元素的铜合金。普通白铜是铜镍二元合金;在普通白铜中加入其它元素时所形成的铜合金称为特殊白铜,如锌白铜、锰白铜、铁白铜等。

(3)青铜。青铜是指除黄铜和白铜以外的铜合金,如以锡为合金元素的铜合金称为锡青铜,以铝为主要合金元素的铜合金称铝青铜。此外,还有铝青铜、硅青铜、锰青铜等。与黄铜、白铜一样,各种青铜中还可加入其他合金元素,以改善其性能。

三、压力加工黄铜

1.普通黄铜

普通黄铜的牌号用"H＋数字"表示,"H"为"黄"字汉语拼音字母的字首,"数字"表示铜的质量分数,如 H70 表示铜的质量分数为 70％,锌的质量分数为 30％的单相黄铜。

普通黄铜色泽美观,具有良好的耐腐蚀性,加工性能较好。普通黄铜力学性能与化学成分之间的关系如图 6-3 所示。当锌的质量分数<39％时,锌能全部溶于铜中,并形成单相 α 固溶体组织(称 α 黄铜或单相黄铜),如图 6-4 所示。随着锌的质量分数增加,合金固溶强化效果明

显增强,使黄铜的强度、硬度提高,同时还保持较好的塑性,故单相黄铜适合于冷变形加工。当锌的质量分数在39%～45%时,黄铜的显微组织为α+β′(称双相黄铜),如图6-5所示。由于β′相的出现,在强度继续升高的同时,塑性有所下降,故双相黄铜适合于热变形加工。当锌的质量分数>45%时,因显微组织全部为脆性的β′相,致使黄铜的强度和塑性都急剧下降,因此应用较少。常用的普通黄铜有:

(1)H90和H80。它们属单相黄铜,具有优良的耐腐蚀性、导热性和冷、热压力加工性能,并呈金黄色,有金色黄铜美称。可用来作装饰材料、镀层、艺术品、奖章、散热器等。

(2)H70。它属单相黄铜,强度高,塑性好,冷成形性能好,可用深冲压方法制造弹壳、散热器外壳、垫片、雷管等零件,有弹壳黄铜之称。

(3)H62。它属双相黄铜,有较高的强度,热加工性能与切削性能较好,有快削黄铜之称。另外,H62还具有焊接性好、耐腐蚀、价格低等优点,工业上应用较多,常用于制造散热器、油管、垫片、螺钉、螺母、弹簧等。

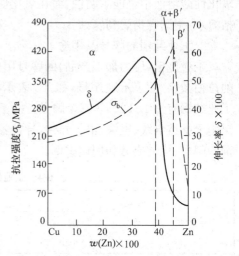

图 6-3　黄铜的组织和力学性能与锌的质量分数的关系

图 6-4　单相黄铜的显微组织

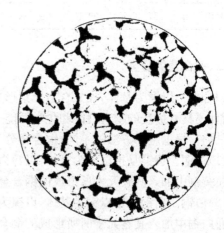

图 6-5　双相黄铜的显微组织

2.特殊黄铜

为了进一步提高普通黄铜的力学性能、工艺性能和化学性能,常在普通黄铜的基础上加入铅、铝、硅、锰、锡、镍等元素,分别形成铅黄铜、铝黄铜、硅黄铜等。特殊黄铜的牌号用"H+主加合金元素符号+铜的平均质量分数+主加合金元素平均质量分数"表示,如HPb59-1表示铜的质量分数为59%,铅的质量分数为1%的铅黄铜。几种常用特殊黄铜的力学性能和用途见表6-5。

加入铅可以改善黄铜的切削加工性;加入硅能提高黄铜的强度和硬度,改善其铸造性能;加入锡能增加黄铜的强度和在海水中的耐腐蚀性,因此,锡黄铜有海军黄铜之称。

表 6-5 几种常用特殊黄铜的力学性能和用途

合金类型	合金牌号	力学性能			用途举例
		R_m/MPa	$A_{11.3}$/%	硬度(HBW)	
铅黄铜	HPb59—1	400/650	45/16	44/80	轴、轴套、螺栓、螺钉、螺母、分流器、导电排
铝黄铜	HAl77—2	400/650	55/12	60/170	耐腐蚀零件
硅黄铜	HSi80—3	300/600	58/4	90/110	船舶零件、水管零件

注:力学性能中分子为600℃退火状态数值,分母为变形度50%的硬化状态数值。

四、白 铜

1.普通白铜

通常把镍的质量分数小于50%的铜镍合金称为普通白铜。由于铜和镍的晶格类型相同,因此,在固态时能无限互溶,形成单相α固溶体组织。普通白铜的牌号用"B+数字"表示。"B"是"白"字的汉语拼音字母的字首,"数字"表示镍的质量分数,如B19表示镍的质量分数为19%,铜的质量分数为81%的普通白铜。普通白铜具有优良的塑性、耐腐蚀性、耐热性和特殊的电性能,是制造精密机械零件、仪表零件、冷凝器、蒸馏器、热交换器和电器元件不可缺少的材料。

2.特殊白铜

特殊白铜是在普通白铜中加入锌、铝、铁、锰等元素而组成的合金。特殊白铜的牌号用"B+主加元素符号+数字+数字"表示,"数字"依次表示镍和主加元素平均质量分数,如BMn3—12表示平均镍的质量分数3%、锰的质量分数为12%的锰白铜。加入合金元素是为了改善白铜的力学性能、工艺性能和电热性能以及获得某些特殊性能,如锰白铜(又称康铜)具有较高的电阻率、热电势、较低的电阻温度系数、良好的耐热性和耐腐蚀性,常用来制造热电偶、变阻器及加热器等。常用白铜的化学成分、主要特性和用途见表6-6。

表 6-6 常用白铜的化学成分、特性和用途

组别	牌号	化学成分/%				主要特性	用途举例
		w(Ni)	w(Mn)	其他	w(Cu)		
普通白铜	B19	18.0~20.0	—	—	余量	具有较高耐腐蚀性,良好的力学性能,高温和低温下具有较高强度及塑性	在蒸汽、海水中工作的耐腐蚀零件
铝白铜	BA16—1.5	5.5~6.5	—	1.2~1.8 Al	余量	可热处理强化,有较高的强度和良好的弹性	重要用途的弹簧
铁白铜	BFe30—1.1	29.0~32.0	0.5~1.2	0.5~1.0Fe	余量	良好的力学性能,在海水、淡水、蒸汽中具有较好的耐腐蚀性	高温、高压和高速条件下工作的零件
锰白铜	BMn3—12	2.0~3.5	11.5~13.5	—	余量	具有较高电阻率、低的电阻温度系数,电阻长期稳定性较好	工作温度100℃以下的电阻仪器、精密电工测量仪器

五、压力加工青铜

青铜是人类历史上应用最早的合金,因铜与锡的合金呈青黑色而得名。压力加工青铜的代号用"Q+第一个主加元素的化学符号及数字+其他元素符号及数字"表示,"Q"是"青"字汉语拼音字母的字首,"数字"依次表示第一个主加元素和其他加入元素的质量分数,如 QSn4-3,即为锡的质量分数为 4%、锌的质量分数 3%,其余为铜的锡青铜。

(1)锡青铜。锡青铜是以锡为主要合金元素的铜合金。锡青铜具有良好的减摩性、抗磁性、低温韧性、耐大气腐蚀性(比纯铜和黄铜高)和铸造性能。锡的质量分数对锡青铜力学性能的影响,如图 6-6 所示。锡青铜中锡的质量分数小于 6% 时,锡溶于铜中形成 α 固溶体,锡青铜的强度随着锡的质量分数增加而升高。当锡的质量分数超过 6% 时,锡青铜中出现脆性 δ 相,使合金的塑性急剧下降,但锡青铜的强度继续升高;当锡的质量分数大于 20% 时,由于 δ 相的大量增加,锡青铜的强度会显著下降。故工业用锡青铜锡的质量分数一般都在 3%~14% 之间。

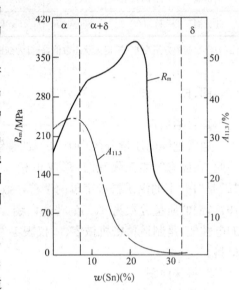

图 6-6　锡青铜锡的质量分数
与力学性能的关系

锡的质量分数小于 8% 的青铜具有优良的弹性、较好的塑性和适宜的强度,适用于冷、热压力加工;而锡的质量分数大于 10% 的青铜由于塑性差,只适用于铸造。

锡青铜主要用于制造弹性高、耐磨、抗腐蚀、抗磁的零件,如弹簧片、电极、齿轮、轴承(套)、轴瓦、蜗轮及与酸、碱、蒸汽等接触的零件等。常用的锡青铜有:QSn4-3、QSn6.5-0.4 等。

(2)铝青铜。铝青铜是以铝为主要合金元素的铜合金,其特点是价格便宜,色泽美观。与锡青铜和黄铜相比,铝青铜具有更高的强度和硬度,其耐腐蚀性和耐磨性比黄铜和锡青铜更高。铝青铜常用于制造飞机、船舶中高强度、耐磨及耐腐蚀性零件,如齿轮、轴承、蜗轮、轴套、阀座等。常用的铝青铜有:QAl5、QAl7、QAl9-4 等。

(3)铍青铜。铍青铜是以铍为主要合金元素的铜合金。铍青铜有很好的综合性能,不仅有较高的强度、硬度、弹性、耐磨性、耐腐蚀性和耐疲劳性,而且还有较高的导电性、导热性、耐寒性、无铁磁性以及撞击不产生火花的特性。铍青铜通过淬火和时效,其抗拉强度可达 σ_b＝1 176~1 470 MPa,硬度可达 350~400 HBW,远远超过其他铜合金,甚至可与高强度钢相媲美。铍青铜在工业上主要用来制造重要用途的高级精密弹性元件、耐磨零件和其它重要零件,如钟表齿轮、弹簧、电接触器、电焊机电极、航海罗盘以及在高温、高速下工作的轴承和轴套等。

铍是稀有金属,价格高。铍青铜生产工艺较复杂,成本很高,因而在应用上受到了限制。在铍青铜中加入钛元素,可减少铍的质量分数,降低成本,改善其工艺性能。常用的铍青铜有:QBe1.7、QBe1.9、QBe2 等。

(4)硅青铜。硅青铜是以硅为主要合金元素的铜合金。硅青铜具有较高的力学性能、耐腐蚀性能和良好的冷、热压力加工性能,用于制造耐腐蚀、耐磨零件,还用于长距离架空的电话线和输电线等。常用的硅青铜有:QSi3-1、QSi1-3 等。

除了上述几种青铜外,还有铅青铜、钛青铜等。

六、铸造铜合金

铸造铜合金是指以铜为基的铜合金。铸造铜合金的牌号表示方法是用"ZCu＋主加元素符号＋主加元素质量分数＋其他加入元素符号和质量分数"组成。例如,ZCuZn38 表示锌的质量分数为 38％的铸造铜合金。常用的铸造黄铜合金有:ZCuZn38、ZCuZn25AlFe3Mn3 等。常用的铸造青铜合金有:ZCuSn10Zn2、ZCuPb30 等。

铸造锡青铜结晶温度间隔大,流动性较差,不易形成集中性缩孔,容易形成分散性的微缩孔,是非铁金属中铸造收缩率最小的金属材料,适于铸造对外形及尺寸精度要求较高的铸件以及形状复杂、壁厚较大的零件。锡青铜是自古至今制作艺术品的常用铸造合金,但因锡青铜的致密度较低,不宜用作要求高密度和高密封性的铸件。

第三节 钛及钛合金

钛在 20 世纪 50 年代开始投入工业生产和应用,其发展非常迅速。钛具有密度小、比强度高、耐高温和耐腐蚀优点,而且矿产资源丰富,广泛用于航空、航天、化工、造船、机电产品、医疗卫生和国防等部门。

一、纯 钛

1.纯钛的性能

纯钛呈银白色,密度为 4.508 g/cm³,熔点为 1 677℃,热膨胀系数小。纯钛塑性好,强度低,容易加工成形。结晶后有同素异构转变:

$$\alpha-Ti(密排六方) \underset{}{\overset{882℃}{\rightleftharpoons}} \beta-Ti(体心立方)$$

钛与氧和氮的亲和力较大,非常容易与氧和氮结合形成一层致密的氧化物和氮化物薄膜,其稳定性高于铝及不锈钢的氧化膜,故在许多介质中钛的耐腐蚀性比不锈钢更优良,尤其是抗海水腐蚀的能力非常突出。

2.纯钛的牌号

纯钛的牌号用"TA＋顺序号"表示,如 TA2 表示 2 号工业纯钛。工业纯钛的牌号有 TA1、TA2、TA3 三种,顺序号越大,杂质含量越多。纯钛在航空部门用于制造飞机骨架、蒙皮、发动机部件;在化工部门用于制造热交换器、泵体、搅拌器等;制造海水净化装置及舰船零部件。

二、钛 合 金

为了提高纯钛在室温时的强度和在高温下的耐热性等,常加入铝、锆、钼、钒、锰、铬、铁等合金元素,得到不同类型的钛合金。工业钛合金按其使用状态组织的不同,可分为 α 型钛合金、β 型钛合金和(α＋β)型钛合金。

钛合金的牌号用"T＋合金类别代号＋顺序号"表示。"T"是"钛"字汉语拼音字母的字首,合金类别代号分别用 A、B、C 表示 α 型、β 型、α＋β 型钛合金。例如,TA7 表示 7 号 α 型钛合金;TB2 表示 2 号 β 型钛合金;TC4 表示 4 号 α＋β 型钛合金。

α 型钛合金(如 TA7)一般用于制造使用温度不超过 500℃的零件,如航空发动机压气机叶片和管道，导弹的燃料缸，超音速飞机的涡轮机匣及火箭、飞船的高压低温容器等；β型钛合金（如 TB2）一般用于制造使用温度在 350℃ 以下的结构零件和紧固件，如压气机叶片、轴、轮盘及航空航天结构件等；α＋β型钛合金（如 TC4）一般用于制造使用温度在 400℃ 以下和低温下工作的结构零件，如火箭发动机外壳、火箭和导弹的液氢燃料箱部件等。钛合金中 α＋β型钛合金可以适应各种不同的用途，是目前应用最广泛的一种钛合金。

钛及钛合金是一种很有发展前途的新型金属材料。我国钛金属矿产资源丰富，其蕴藏量居世界各国前列，目前已形成了完整的钛金属生产体系。常用钛合金有：TA5、TA6、TB2、TC4、TC10 等。

第四节　滑动轴承合金

滑动轴承合金是用于制造滑动轴承内衬或轴瓦的铸造合金。滑动轴承一般由轴承体和轴瓦组成，轴瓦直接支承转动轴。与滚动轴承相比，由于滑动轴承具有制造、修理和更换方便，与轴颈接触面积大，承受载荷均匀，工作平稳，无噪声等优点，因此，广泛应用于机床、汽车发动机、各类连杆、大型电机等动力设备上。为了确保轴的磨损量最小，需要在轴承内侧浇铸或轧制一层耐磨和减摩的滑动轴承合金，形成均匀的内衬。

一、对滑动轴承合金性能的要求

当轴在轴瓦中转动时，轴存在磨损问题。由于轴是机器上重要的部件，更换比较困难，所以，应尽量使轴的磨损最小，延长其使用寿命。针对上述要求轴瓦材料应满足以下性能要求：

(1)具有足够的强度、塑性、韧性和一定的耐磨性，以抵抗冲击和振动；

(2)具有较低的硬度，以免轴的磨损量加大；

(3)具有较小的摩擦系数和良好的磨合性（指轴和轴瓦在运转时互相配合的性能），并能在磨合面上保存润滑油，以保持轴和轴瓦之间处于正常的润滑状态；

(4)具有良好的导热性与耐腐蚀性，既能保证轴瓦在高温下不软化或熔化，又能抗润滑油腐蚀；

(5)抗咬合性好。即在摩擦条件较差时，轴瓦材料不会与轴粘合或焊合；

(6)具有良好的工艺性，易于铸造成型，易于和瓦底焊合，成本低廉；

为了提高滑动轴承合金的强度和使用寿命，通常采用双金属方法制造轴瓦，如利用离心浇注法将滑动轴承合金浇铸在钢质轴瓦上，这种操作方法称为"挂衬"。

二、滑动轴承合金的理想组织

滑动轴承合金理想的组织状态是：在软的基体上分布着硬质点，或是在硬的基体上分布着软质点。这种组织状态可以保证轴承工作时，软质点很快被磨损，下凹的区域可以储存润滑油，使磨合表面形成连续的油膜，硬质点则凸出支承轴颈，并使轴与轴瓦的实际接触面积减少，从而减少轴颈摩擦。

软基体组织具有较好的磨合性与抗冲击、抗震动的能力，但是，这种组织状态的承载能力较低，属于此类组织的滑动轴承合金有锡基滑动轴

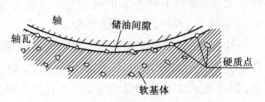

图 6-7　滑动轴承合金理想组织示意图

承合金和铅基滑动轴承合金,其理想组织状态如图 6-7 所示。在硬基体(其硬度低于轴颈硬度)上分布着软质点的组织,能承受较高的负荷,但磨合性较差,属于此类组织的滑动轴承合金有铜基滑动轴承合金和铝基滑动轴承合金等。

三、常用滑动轴承合金

常用滑动轴承合金有:锡基、铅基、铜基、铝基等滑动轴承合金。滑动轴承合金牌号由字母"Z+基体金属元素符号+主添加合金元素的化学符号+数字+辅添加合金元素的化学符号+数字"组成。其中"Z"是"铸"字汉语拼音字母的字首。例如,ZSnSb11Cu6 表示平均锑的质量分数为 11%、铜的质量分数为 6%、其余锡的质量分数为 83%的锡基滑动轴承合金。

1.锡基滑动轴承合金(锡基巴氏合金)

锡基滑动轴承合金是以锡为基,加入锑、铜等元素组成的滑动轴承合金。锡基滑动轴承合金具有适中的硬度、摩擦系数低、较好的塑性和韧性、优良的导热性和耐腐蚀性。常用于制造重要轴承,如制造汽轮机、发动机、压缩机等高速轴承。但由于锡是稀缺金属,成本较高以及锡基滑动轴承合金工作温度低于 150℃,因此,锡基滑动轴承合金的应用受到一定限制。常用锡基滑动轴承合金牌号有:ZSnSb8Cu4、ZSnSb11Cu6、ZSnSb4Cu4 等。

2.铅基滑动轴承合金(铅基巴氏合金)

铅基滑动轴承合金是以铅为基,加入锑、锡、铜等元素组成的滑动轴承合金。铅基滑动轴承合金的强度、硬度、韧性均低于锡基轴承合金,摩擦系数较大,适用于中等负荷的低速轴承,如汽车、拖拉机、轮船的曲轴轴承,电动机、空压机、减速器的轴承等。铅基滑动轴承合金价格便宜,应尽量用它来代替锡基轴承合金。常用铅基滑动轴承合金牌号有:ZPbSb16Sn16Cu2、ZPbSb15Sn10。

3.铜基滑动轴承合金

铜基滑动轴承合金是以铜为基体元素,加入铅、锡、铝、铍等合金元素形成的滑动轴承合金,如锡青铜、铅青铜、铝青铜、铍青铜等均可作为滑动轴承材料。

铜基轴承合金是锡基轴承合金的代用品。常用牌号是 ZCuPb30(铸造铅青铜),其铅的质量分数为 30%。铅和铜在固态时互不溶解,Cu 为硬基体,颗粒状 Pb 为软质点,属于硬基体加软质点组织的滑动轴承合金,可以承受较大的压力。铅青铜具有耐磨性好、导热性高(为锡基滑动轴承合金的 6 倍)、疲劳强度高,能在较高温度下(300~320℃)工作,广泛用于制造高速、重载荷下工作的发动机轴承,如航空发动机、大功率汽轮机、柴油机等高速机器的主轴承和连杆轴承。

4.铝基轴承合金

铝基轴承合金是以铝为基体元素,加入锑、锡或镁等合金元素形成的滑动轴承合金。与锡基、铅基轴承合金相比,铝基轴承合金具有原料丰富、价格低廉、导热性好、疲劳强度高和耐腐蚀性好等优点,能连续轧制生产,广泛用于高速重载汽车、拖拉机及柴油机轴承。它的主要缺点是线膨胀系数较大,运转时易与轴咬合,尤其在冷起动时危险性更大。同时铝基轴承合金硬度高,轴易磨损,需相应地提高轴的硬度。常用铝基滑动轴承合金有:铝锑镁滑动轴承合金和铝锡滑动轴承合金,如高锡铝基滑动轴承合金 ZAlSn6Cu1Ni1。

除上述滑动轴承合金外,灰铸铁也可以用于制造低速、不重要的滑动轴承,其组织中的钢基体为硬基体,石墨为软质点并起一定的润滑作用。

第五节 硬 质 合 金

随着现代工业的飞速发展,机械切削加工对切削刀具提出了更高的性能要求,如用于高速切削的高速钢刀具,其热硬性已不能满足更高的使用要求;一些生产中使用的冷冲模,即使是用合金工具钢制造,其耐磨性也不能满足性能要求,需要开发更为优良的新型材料——硬质合金。

一、硬质合金生产简介

硬质合金是指由作为主要组元的一种或几种难熔金属碳化物和金属粘结剂相组成的烧结材料。难熔金属碳化物主要是碳化钨(WC)、碳化钛(TiC)等粉末,金属黏结剂主要是 Co 粉末。这些粉末经混合均匀后,放入压模中压制成形,最后经高温(1 400~1 500℃左右)烧结后形成硬质合金材料。

二、硬质合金的性能特点

硬质合金的硬度(86~93 HRA,相当于 69~81 HRC)高于高速钢(63~70 HRC);热硬性高,在 800~1 000℃时,硬度可保持 60 HRC,远高于高速钢(500~650℃);耐磨性好,比高速钢要高 15~20 倍。由于这些特点,使得硬质合金刀具的切削速度比高速钢高 4~10 倍,刀具寿命可提高 5~80 倍。产生上述性能差别的原因是由于构成硬质合金的主要成分 WC 和 TiC 都具有很高的硬度、耐磨性和热稳定性。

硬质合金的抗压强度(可达 6 000 MPa)比高速钢高,但抗弯强度低(只有高速钢的 1/3~1/2 左右),冲击韧度较差,仅为 2.0~6.0 J/cm^2,约为淬火钢的 30%~50%。此外,硬质合金还具有抗腐蚀、抗氧化和热膨胀系数比钢低等特点。

在机械制造中,硬质合金主要用于制造刀具、冷作模具、量具及耐磨零件。由于硬质合金的导热性差,在室温下几乎没有塑性,因此,在磨削和焊接时,急热和急冷都会形成很大的热应力,甚至产生表面裂纹。另外,硬质合金硬度高、脆性大,不能用一般的切削方法加工,只能采用特种加工(如电火花加工、线切割等)或专门的砂轮磨削。因此,通常都是将一定规格的硬质合金刀片采用钎焊、粘结或机械装夹方法固定在刀杆或模具体上使用。另外,在采矿、采煤、石油和地质钻探等行业,也使用硬质合金制造凿岩用钎头和钻头等。

三、常用硬质合金

按化学成分和性能特点的不同,硬质合金分为钨钴类硬质合金、钨钴钛类硬质合金和万能类硬质合金三类。

1. 钨钴类硬质合金

钨钴类硬质合金的主要成分是碳化钨(WC)和钴(Co),其牌号用"硬"和"钴"两字的汉语拼音的字首"YG"加数字表示,数字表示钴的质量分数。例如,YG6 表示钴的质量分数是 6%,碳化钨的质量分数是 94%的钨钴类硬质合金。常用钨钴类硬质合金牌号有:YG3X、YG6、YG11C、YG15 等。

2. 钨钴钛类硬质合金

钨钴钛类硬质合金的主要成分是碳化钨(WC)、碳化钛(TiC)和钴(Co),其牌号用"硬"和

"钛"两字的汉语拼音的字首"YT"加数字表示,数字表示碳化钛的质量分数。例如,YT15 表示碳化钛的质量分数是 15%,余量为碳化钨和钴,是钨钴钛类硬质合金。常用钨钴钛类硬质合金牌号有:YT5、YT15、YT30 等。

在上述两种硬质合金中,碳化物是整个合金的"骨架",起耐磨作用,但性脆;钴起粘结作用,是硬质合金韧性的来源。因此,同类硬质合金中,随着钴的质量分数的增加,硬质合金的韧性提高,硬度、热硬性及耐磨性降低。一般钴的质量分数较高的硬质合金适宜制作粗加工刀具;反之,则适宜制造精加工刀具。

从硬度来说,TiC 的硬度高于 WC 的硬度,WC 的硬度高于 Co 的硬度;对于韧性来说,则正相反。当钴的质量分数相同时,YT 类硬质合金由于碳化钛的加入,因而具有较高的硬度、热硬性及耐磨性,但其韧性比 YG 类硬质合金低。因此,YG 类硬质合金刀具适宜加工脆性材料,如铸铁、胶木等;YT 类硬质合金刀具则适宜加工韧性材料,如非合金钢等。

3.万能类硬质合金

万能类硬质合金也称为通用硬质合金,它以碳化钽(TaC)或碳化铌(NbC)取代 YT 类硬质合金中的部分 TiC,其特点是抗弯强度高。万能类硬质合金有:YW1、YW2 等,"YW"是"硬"和"万"两字汉语拼音字首,数字为序号。万能类硬质合金适用于切削各种钢材,特别是对于切削不锈钢、耐热钢、高锰钢等难以加工的钢材,效果显著。万能类硬质合金也可以代替 YG 类硬质合金用来加工铸铁等脆性材料。

硬质合金除用于刀具外,还可用于制造冷拔模、冷冲模、冷挤模及冷镦模等。在量具的易磨损面上镶嵌硬质合金,不仅可以大大提高量具的使用寿命,而且可使量具的测量精度更加可靠。对于许多耐磨机械零件,如车床顶尖,无心磨床的导杆和导板等,也都采用硬质合金。模具、量具和耐磨零件一般都使用 YG 类硬质合金。受冲击小,而要求耐磨性高的,可用含钴量低的牌号,如 YG3~YG6;受冲击较大,要求强度较高的,选用钴的质量分数较高的牌号,如 YG8~YG15;在冲击载荷大的情况下,则采用钴的质量分数高的 YG20 和 YG25 等。

使用硬质合金,可以成倍甚至百倍地提高工具和零件的使用寿命,降低消耗,提高生产率和产品质量。但由于硬质合金中含有大量的 W、Co、Ti 等贵重金属,价格较贵,应节约使用。

思 考 题

一、名词解释

1.时效;2.黄铜;3.白铜;4.青铜;5.滑动轴承合金;6.普通黄铜;7.特殊黄铜;8.硬质合金。

二、填空题

1.普通黄铜是_____、_____二元合金,在普通黄铜中再加入其他元素时称_____黄铜。

2.纯铝具有_____小、_____低、良好的_____性和_____性,在大气中具有良好的_____性。

3.形变铝合金可分为_____铝、_____铝、_____铝和_____铝。

4.锡基滑动轴承合金是以_____为基础,加入_____、_____等元素组成的滑动轴承合金。

5.普通黄铜当锌的质量分数小于 39％时，称为＿＿＿＿＿＿黄铜，由于其塑性好，适宜
＿＿＿＿＿加工；当锌的质量分数大于 39％时，称为＿＿＿＿＿黄铜，其强度高，热态下塑性较好，
故适于＿＿＿＿＿加工。

6.钛也有＿＿＿＿＿现象，882℃以下为＿＿＿＿＿晶格，称为＿＿＿＿＿钛；882℃以上为
＿＿＿＿＿晶格，称为＿＿＿＿＿钛。

7.铸造铝合金有：＿＿＿＿系、＿＿＿＿系＿＿＿＿系和＿＿＿＿系合金等。

8.按铜合金的化学成分，铜合金可分为＿＿＿＿＿铜、＿＿＿＿＿铜和＿＿＿＿＿铜三类。

9.钛合金按其使用组织状态的不同，可分为：＿＿＿＿＿钛合金、＿＿＿＿＿钛合金和
＿＿＿＿＿钛合金。其中＿＿＿＿＿钛合金应用最广。

10.常用滑动轴承合金有：＿＿＿＿＿基滑动轴承合金、＿＿＿＿＿基滑动轴承合金、＿＿＿＿＿
基滑动轴承合金、＿＿＿＿＿基滑动轴承合金等。

11.按化学成分和性能特点的不同，硬质合金通常分为＿＿＿＿＿硬质合金、＿＿＿＿＿硬质
合金、＿＿＿＿＿硬质合金。

12.YG8 表示＿＿＿＿＿硬质合金，其中 8 表示＿＿＿＿＿；YT5 表示＿＿＿＿＿硬质合金，其
中 5 表示＿＿＿＿＿；YW2 表示＿＿＿＿＿硬质合金。

三、选择题

1.将相应牌号填入空格内：
硬铝＿＿＿＿＿；防锈铝合金＿＿＿＿＿；超硬铝＿＿＿＿＿；铸造铝合金＿＿＿＿＿；铅黄铜
＿＿＿＿＿；铝青铜＿＿＿＿＿。
A. HPb59－1　　　B. 3A21(LF21)　　C. 2A12(LY12)　　　D. ZAlSi7Mg
E. 7A04(LC4)　　　F. QAl9－4

2.5A02(LF2)按工艺性能和化学成分划分是＿＿＿＿＿铝合金,属于热处理＿＿＿＿＿的铝
合金。
A. 铸造　　　　B. 变形　　　　　C. 能强化　　　　D. 不可强化

3.某一材料的牌号为 T3，它是＿＿＿＿＿。
A. 碳的质量分数为 3‰的碳素工具钢　B. 3 号工业纯铜　　C. 3 号工业纯钛

4.某一材料牌号为 QTi3.5，它是＿＿＿＿＿。
A. 钛青铜　　　B. 球墨铸铁　　　C. 钛合金

5.将相应牌号填入空格内：
普通黄铜＿＿＿＿＿；特殊黄铜＿＿＿＿＿；锡青铜＿＿＿＿＿；硅青铜＿＿＿＿＿。
A. H70　　　　B. QSn4－3　　　C. QSi3－1　　　D. HAl77－2

四、判断题

1.TA7 表示 7 号 α 型钛合金。(　　)

2.特殊黄铜是不含锌元素的黄铜。(　　)

3.变形铝合金都不能用热处理强化。(　　)

4.纯铝中杂质含量越高，其导电性、耐腐蚀性及塑性越低。(　　)

5.H80 属双相黄铜。(　　)

6.在砂轮上磨 YT30 硬质合金材料制成的刀具时，可以用水急冷。(　　)

五、简 答 题

1. 滑动轴承合金应具备什么样的理想组织?

2. 铝合金热处理强化原理与钢热处理强化原理有何不同?

3. 硬质合金的性能特点有哪些?

4. 同类硬质合金中,钴的质量分数对硬质合金的性能和用途有何影响?

六、课外调研与分析

谈谈常见非铁金属在人类社会文明中的作用,或撰写一篇此方面的小型科研论文。

第七章

金属铸造成形

第一节　铸造成形概述

铸造是指熔炼金属,制造铸型,并将熔融金属浇入与零件形状相适应的铸型中,待液态金属凝固后获得一定形状、尺寸和性能的金属零件或毛坯的成形方法。用铸造成形方法得到的毛坯称为铸件,多数铸件还需经过切削加工后才能成为零件。铸造是零件或毛坯成形加工的主要工艺方法之一。

一、铸造成形特点

(1)铸造成形适应性广。铸造成形可制造形状复杂且不受工件尺寸、质量和生产批量限制的铸件。生产中常用的金属材料,如非合金钢、低合金钢、合金钢、非铁金属等,都能进行铸造成形。对于一些不易进行压力加工和焊接的零件,铸造成形是一种较好的成形加工方法。

(2)铸造成形具有良好的经济性。由于铸件的形状和尺寸接近于零件,因此,铸造成形能够节省金属材料和切削加工工时;同时,金属材料来源广泛,可以利用废旧机件、废料等进行回炉熔炼。

(3)铸件力学性能较低。由于铸造成形工序较多,而且部分工艺过程难以控制,因此,铸件质量不够稳定,铸件内部容易产生偏析、缩孔、缩松、气孔、砂眼等缺陷,而且铸件的铸态组织晶粒较粗,所以,铸件的力学性能较差。

铸造成形常用于制造承受静载荷及压应力的结构件,如箱体、床身、支架、缸体等。此外,一些有特殊性能要求的构件,如球磨机的衬板、犁铧、轧辊、履带以及难加工的金属材料等也常采用铸造成形方法制造。

二、铸造成形方法分类

铸造成形方法较多,主要分为砂型铸造和特种铸造两类。在砂型中生产铸件的铸造方法,称为砂型铸造,与砂型铸造不同的其它铸造方法,称为特种铸造。

砂型铸造是一种古老而又需要继续发展的基本铸造方法,该方法具有成本低、灵活性大、适应性广等优点,而且操作技术也比较成熟。

特种铸造包括金属型铸造、压力铸造、离心铸造、熔模铸造、低压铸造、陶瓷型铸造、连续铸造和挤压铸造等。特种铸造具有铸件的尺寸精度和表面质量高,金属材料利用率高,劳动条件好,环境污染小,便于实现机械化和自动化生产等优点。目前,特种铸造正逐步得到广泛的应用。

随着精密铸造工艺的发展,计算机在铸造生产上已获得成功应用,其中部分铸造成形工艺过程已实现了机械化和自动化,铸件的质量与生产率得到较大的提高,工人的劳动环境和条件也得到进一步的改善。

<h1 style="text-align:center">第二节　砂　型　铸　造</h1>

砂型铸造的工艺过程如图7-1所示。图7-2为齿轮毛坯的砂型铸造工艺过程简图。在铸造成形过程中,铸件的形状与尺寸主要取决于造型和造芯,而铸件材料的化学成分则取决于熔炼。所以,造型、造芯和熔炼是铸造生产中的重要工序。

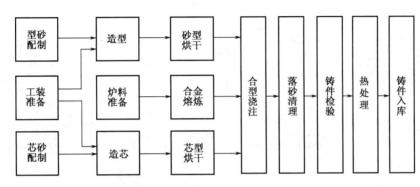

图 7-1　砂型铸造工艺过程简图

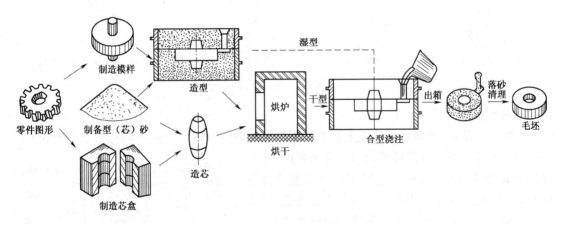

图 7-2　齿轮毛坯的砂型铸造工艺过程简图

一、造型材料、造型工具及砂型组成

1.造型材料

制造铸型用的材料称为造型材料。造型材料主要包括型砂和芯砂。型砂和芯砂主要由原砂(SiO_2)、黏结剂(黏土与膨润土、水玻璃、植物油、树脂等)、附加物(煤粉或木屑等)、旧砂和水组成。为了获得合格的铸件,造型材料应具备一定的强度、可塑性、耐火性、透气性、退让性和溃散性等性能。

2.造型工具

制造铸型用的工具称为造型工具。造型常用的工具是砂箱与底板、舂砂锤、通气针、起模针、皮老虎、镘刀、秋叶、提钩、半圆等,如图 7-3 和图 7-4 所示。

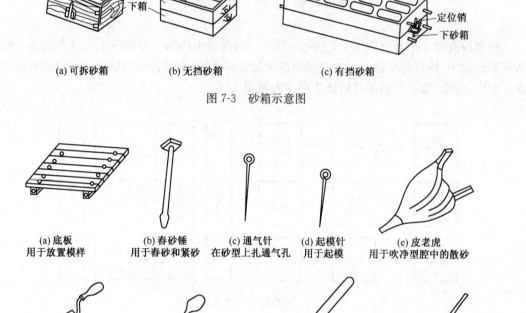

(a) 可拆砂箱   (b) 无挡砂箱   (c) 有挡砂箱

图 7-3　砂箱示意图

(a) 底板
用于放置模样

(b) 舂砂锤
用于舂砂和紧砂

(c) 通气针
在砂型上扎通气孔

(d) 起模针
用于起模

(e) 皮老虎
用于吹净型腔中的散砂

(f) 镘刀
用于修平面和挖沟

(g) 秋叶
用于修凹形面

(h) 提钩
用于修底部和侧面

(i) 半圆
用于修圆柱形内壁和内圆角

图 7-4　造型工具

3.砂型组成

　　如图 7-5 所示,型砂被舂紧在上砂箱和下砂箱中,连同砂箱一起,分别称为上砂型和下砂型。从砂型中取出模样后形成的空腔称为型腔,在浇注后形成铸件的外部轮廓。上砂型和下砂型的分界面称为分型面。图中有阴影线的部分表示型芯,型芯用于形成铸件的孔。型芯上的延伸部分称为芯头,用于安放和固定型芯。型芯头位于砂型的型芯座上。型芯中设有通气孔,用于排出型芯在受热过程中产生的气体。型腔的上方开设出气口,用于排出型腔中的气体。另外,利用通气针在砂型中还扎有多个通气孔。金属液从浇口杯中浇入,经直浇道、横浇道、内浇道流入型腔中。

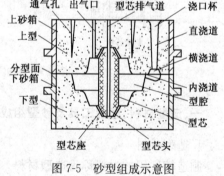

图 7-5　砂型组成示意图

二、造型方法

　　用型砂及模样等工艺装备制造砂型的方法和过程,称为造型。在造型过程中造型材料的好坏,对于铸件的质量起着决定性的作用。造型方法通常分为手工造型和机器造型两大类。

1.手工造型

全部用手或手动工具完成的造型工序称为手工造型。手工造型的特点是操作灵活,适应性强,模型制作成本低,生产准备时间短。但造型效率低,劳动强度大,劳动环境差,主要用于单件小批量生产。造型时如何将木模顺利地从砂型中取出,而又不致于破坏型腔的形状,是一个很关键的问题。因此,围绕如何起模这一问题,就形成了各种不同的造型方法。

(1)整体模造型。整体模造型是将模样做成与零件形状相应的整体结构进行造型的方法。整体模造型的特点是把整体模样放在一个砂箱内,并以模样一端的最大表面作为铸型的分型面,如图 7-6 所示。整体模造型操作简便,适用于形状简单的横截面依次减小、不允许有错箱缺陷的铸件。

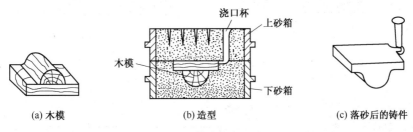

图 7-6　整体模造型示意图

(2)分开模造型。模型分为两半,造型时模型分别在上、下砂箱内进行造型的方法,称为分开模造型,如图 7-7 所示。分开模造型主要用于某些没有平整的表面,而且最大断面在模型中部,难以进行整模造型的铸件,可将模型在最大断面处分开,进行分开模造型。分开模造型操作简便,应用广泛,适用于生产形状较复杂的铸件以及带孔的铸件,如套筒、阀体、管子、箱体等铸件。

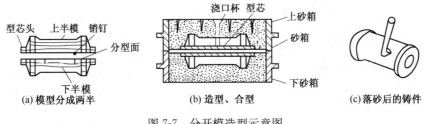

图 7-7　分开模造型示意图

(3)挖砂造型。模型虽是整体的,但铸件的分型面为曲面,为了能起出模型,造型时用手工挖去阻碍起模型砂的造型方法,称为挖砂造型。图 7-8 为手轮铸件的挖砂造型过程。挖砂造型适用于小批量生产整体模,分型面不平的铸件。

(4)假箱造型。利用预先制备好的半个铸型简化造型操作的方法,称为假箱造型,如图7-9和图 7-10 所示。假箱造型比挖砂造型操作简便,且分型面整齐,适应于小批或成批生产整体模,分型面不是平面的铸件。

(5)活块造型。有些铸件上带有一些小的突台、筋条等结构,造型时,妨碍起模,这时可将模样的凸出部分作成活块,起模时,先将主体模起出,然后再从侧面取出活块的造型方法,称为活块造型,如图 7-11 所示。需要注意的是活块的总厚度不得大于模样主体部分的厚度,否则,活块将取不出来。

金 属 工 艺 学

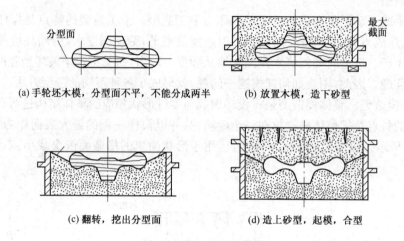

(a) 手轮坯木模，分型面不平，不能分成两半　　　(b) 放置木模，造下砂型

(c) 翻转，挖出分型面　　　　　　　(d) 造上砂型，起模，合型

图 7-8　挖砂造型示意图

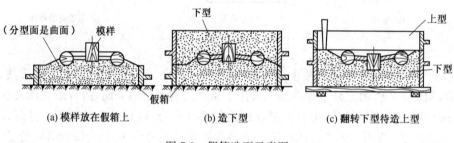

(a) 模样放在假箱上　　　(b) 造下型　　　(c) 翻转下型待造上型

图 7-9　假箱造型示意图

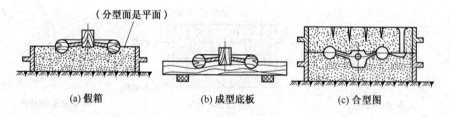

(a) 假箱　　　(b) 成型底板　　　(c) 合型图

图 7-10　成型底板示意图

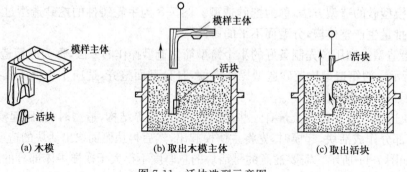

(a) 木模　　　(b) 取出木模主体　　　(c) 取出活块

图 7-11　活块造型示意图

（6）三箱造型。当铸件的外形具有两端截面大而中间截面小时，只用一个分型面取不出模型，此时需要从小截面处分开模型，并用两个分型面，三个砂箱进行造型，这种方法称为三箱造型，如图 7-12 所示。三箱造型操作比较繁琐，要求工人操作技术较高。

（7）刮板造型。不用模样而用与铸件截面形状相同的刮板代替实体模样的造型和制芯方法，称为刮板造型，如图 7-13 所示。刮板造型可以显著地降低模型制作成本，缩短生产准备时间，要求工人技术水平较高，适用于具有等截面的大、中型回转体铸件的单件小批生产，如皮带轮、飞轮、齿轮、弯管等。

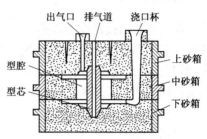

图 7-12　三箱造型示意图

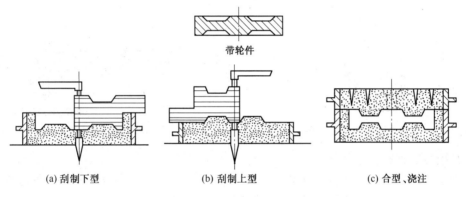

(a) 刮制下型　　　(b) 刮制上型　　　(c) 合型、浇注

图 7-13　刮板造型示意图

2.机器造型

用机器全部地完成或至少完成紧砂操作的造型工序称为机器造型。机器造型的实质就是机器代替了手工紧砂和起模，它是现代化铸造车间的基本造型方法。机器造型具有生产率高，铸件尺寸精度和表面质量高，劳动条件好，适合于成批大量生产铸件。

（1）紧砂方法。常用的紧砂方法有：震实、压实、震压、抛砂、射压等几种型式。其中以震压式应用最广，图 7-14 为震压式紧砂方法。

（2）起模方法。常用的起模方法有：顶箱、漏模、翻转三种。图 7-15 为顶箱起模方法。

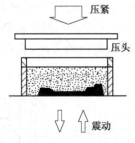

图 7-14　震压式紧砂方法

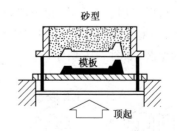

图 7-15　顶箱起模方法

随着生产的发展，新的机器造型设备会不断出现，从而使整个造型和造芯过程逐步地实现自动化，并逐步提高生产效率。

三、造　芯

制造型芯的过程称为造芯。型芯的主要作用是用来获得铸件的内腔,但有时也可作为铸件难以起模部分的局部铸型。浇注时,由于型芯受金属液的冲击、包围和烘烤,因此,与砂型相比,型芯必须具有较高的强度、耐火性、透气性、退让性和溃散性。这主要是靠合理配制芯砂和制定正确的造芯工艺来保证的。在造芯过程中,应采取下列一些措施:

1.在型芯上开设通气孔

形状简单的型芯,可以用通气针扎出通气孔,如图 7-16 所示。形状复杂的型芯,可在型芯内放入蜡线,待烘干时蜡线被烧掉,从而形成通气孔,如图 7-17 所示。

图 7-16　简单型芯用通气针扎出通气孔

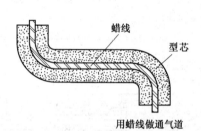

图 7-17　复杂型芯的通气方式

2.在型芯里放置芯骨

芯骨是放入砂芯中用以加强或支持砂芯并有一定形状的金属构架。小型芯的芯骨一般用铁丝制成,大、中型型芯的芯骨一般是用铸铁铸成的,如图 7-18 所示。

3.刷涂料及烘干

为了降低铸件内腔表面的粗糙度,防止液态金属与砂型表面相互作用产生黏砂等缺陷,在型芯与金属液接触的部位需要刷涂料。铸铁件的型芯多用石墨涂料;铸钢件型芯多用石英粉涂料。

为进一步提高型芯的强度和透气性,型芯须在专用的烘干炉内进行烘干。黏土砂芯

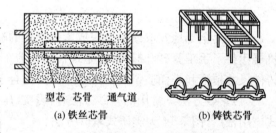

图 7-18　铁丝芯骨与铸铁型芯骨

烘干温度为 250~350℃,并保温 3~6 h,然后缓慢冷却。油砂芯烘干温度一般为 200~220℃。

型芯可以采用手工造芯,也可以采用机器造芯;手工造芯时主要采用型芯盒造芯;单件、小批生产大、中型回转体型芯时,可采用刮板造芯。芯盒造芯是最常用的方法,它可以造出形状较复杂的型芯,如图 7-19 所示。

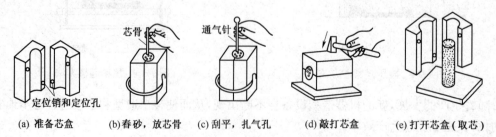

图 7-19　对开式芯盒造芯示意图

四、浇注系统

为了填充型腔和冒口而开设在铸型中的一系列通道,称为浇注系统。通常浇注系统由浇口杯、直浇道、横浇道和内浇道组成,如图7-20所示。浇注系统的主要作用是保证液态金属均匀、平稳地流入并充满型腔,以避免冲坏型腔;防止熔渣、砂粒或其他杂质进入型腔;调节铸件凝固顺序或补给铸件冷凝收缩时所需的液态金属。若浇注系统设计得不合理,铸件易产生冲砂、砂眼、夹渣、浇不足、气孔和缩孔等缺陷。

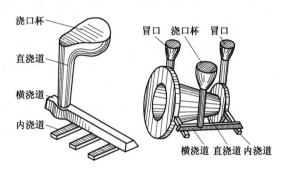

图7-20　浇注系统组成

浇注系统的类型按内浇口在铸件上的位置,浇注系统可设计成顶注式浇注系统、中间注入式浇注系统、底注式浇注系统、阶梯式浇注系统等形式,如图7-21所示。

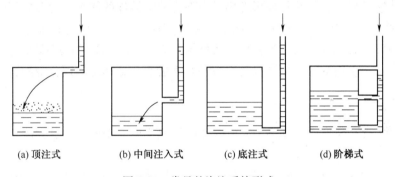

(a) 顶注式　　　(b) 中间注入式　　　(c) 底注式　　　(d) 阶梯式

图7-21　常见的浇注系统形式

五、熔　　炼

金属熔炼质量的优劣对能否获得优质的铸件有着重要影响。如果金属液的化学成分不合格,会降低铸件的力学性能、物理性能或化学性能。常用的金属熔炼设备有:冲天炉(适于熔炼铸铁)、电炉(适于熔炼铸钢)、坩埚炉(适于熔炼非铁金属)。

六、合型、浇注、落砂、清理和检验

1. 合型(合箱)

将铸型的各个组元如上型、下型、型芯、浇口杯等组合成一个完整铸型的操作过程称为合型。合型后要保证铸型型腔几何形状、尺寸的准确性和型芯的稳固性。型芯放好并经检验后,才能扣上上箱和放置浇口杯。

2. 浇注

将熔融金属从浇包注入铸型的操作,称为浇注。金属液应在一定的温度范围内按规定的速度注入铸型。金属液的温度过低,液态金属流动性变差,会使铸件产生冷隔、浇不足和夹渣等缺陷;金属液的温度过高会导致铸件总收缩量增加、吸收气体过多,铸件容易产生气孔、缩孔、裂纹及黏砂等缺陷。

3. 落砂

用手工或机械使铸件和型砂（或芯砂）、砂箱分开的操作过程，称为落砂。浇注后，必须经过充分的冷却和凝固才能开型。若落砂时间过早，会使铸件产生较大应力，从而导致变形或开裂，此外，铸铁件还会形成白口组织，从而使切削加工困难。

4. 清理

落砂后从铸件上清除表面黏砂、型砂（芯砂）、多余金属（包括浇口、冒口、飞翅和氧化皮）等过程的总和称为清理。清理主要是去除铸件上的浇口、冒口、型芯、黏砂以及飞边毛刺等部分。

5. 检验

铸件清理后，应进行质量检验。可通过肉眼观察（或借助尖咀锤）找出铸件的表面缺陷，如气孔、砂眼、黏砂、缩孔、浇不足、冷隔等。对于铸件内部的缺陷可进行耐压试验、超声波探伤等。

第三节 金属铸造性能

金属在铸造成形过程中获得外形准确及内部无缺陷铸件的能力称为金属的铸造性能。金属的铸造性能主要有吸气性、氧化性、流动性和收缩性等。了解金属的铸造性能及其影响因素，对于选择合理的铸造金属、进行合理的铸件结构设计、制订合理的铸造工艺及保证铸件质量有着重要意义。常用的铸造金属有铸铁、铸钢、铸造铝合金和铸造铜合金等。

一、流 动 性

流动性是指熔融金属的流动能力。它是影响熔融金属充型能力的主要因素之一。

（一）金属流动性对铸件质量的影响

熔融金属流动性好，充型能力就强，就容易获得尺寸准确、外形完整和轮廓清晰的铸件，避免产生冷隔和浇不足等缺陷，也有利于熔融金属中非金属夹杂物和气体的排出，避免产生夹渣和气孔等缺陷。同时，熔融金属的流动性好，也有利于补充在凝固过程中所产生的收缩，避免产生缩孔和缩松等缺陷。

（二）影响金属流动性的因素

熔融金属流动性的大小与浇注温度，化学成分和铸型的充填条件等因素有关。

1. 浇注温度对流动性的影响

浇注温度高，熔融金属所含的热量越多，熔融金属保持液态的时间越长，同时熔融金属停止流动前传给铸型的热量也多，导致铸型的温度升高，使熔融金属的冷却速度降低，从而使熔融金属的流动性增强。另外，浇注温度高，熔融金属的粘度降低，也有利于熔融金属流动性的提高。但浇注温度过高会使熔融金属的吸气量和总收缩量增大，反而增加铸件产生其他缺陷的可能性。因此，在保证熔融金属流动性足够的条件下，浇注温度尽可能低些。灰铸铁的浇注温度一般为 1 250～1 350℃，碳素铸钢为 1 500～1 550℃。

2. 金属化学成分对其流动性的影响

不同化学成分的金属具有不同的结晶特点，其流动性也不同，其中纯金属和共晶成分的合金流动性最好。这是由于它们是在恒温下结晶的，根据温度的分布规律，结晶时先从熔融金属表面开始向中心逐层凝固，结晶前沿较为平滑，对尚未凝固的金属流动阻力小，因而流动性较好。其他化学成分的合金的凝固过程是在一段温度范围内完成的，在这个温度范围内，同时存在固、液两相,固态的树枝状晶体会阻碍熔融金属的流动,从而使熔融金属流动性变差。因此,凝固温度范围小的合金流动性好,凝固温度范围大的合金流动性差。在常用的铸造合金中,铸铁的流动性好,铸钢的流动性差。

3.铸型的充填条件对金属流动性的影响

铸型中凡能增加熔融金属流动阻力和提高冷却速度的因素均使流动性降低,如内浇道横截面小、型腔表面粗糙、型砂透气性差均增加熔融金属的流动阻力,降低流速,从而导致熔融金属的流动性降低。铸型材料导热快,也会使熔融金属的流动性下降。

二、收 缩 性

金属在液态凝固和冷却至室温过程中,产生体积和尺寸减小的现象称为收缩。收缩是铸造金属本身的物理性质,是铸件中产生缩孔、缩松、裂纹、变形、残余内应力的基本因素。

(一)收缩的三个阶段

熔融金属从浇注温度冷却到室温要经过液态收缩、凝固收缩、固态收缩三个阶段。

液态收缩是指熔融金属在液态由于温度降低而发生的体积收缩;凝固收缩是指溶融金属在凝固阶段的体积收缩;固态收缩是指金属在固态由于温度降低而发生的体积收缩。

金属的液态收缩和凝固收缩主要表现为金属的体积减小,通常用体收缩率来表示。这两种收缩使型腔内液面降低,它们是形成铸件缩孔和缩松缺陷的基本原因。金属的固态收缩,虽然也是体积变化,但它主要表现为铸件外部尺寸的变化,因此,金属的固态收缩通常用线收缩率来表示。固态收缩是铸件产生内应力、变形和裂纹等缺陷的主要原因。

(二)影响金属收缩的因素

影响收缩的因素有:化学成分、浇注温度、铸件结构与铸型条件等。

1.化学成分

不同的金属其收缩率不同。碳素钢的体收缩率约为 $10\% \sim 14\%$;白口铸铁的体收缩率约为 $12\% \sim 14\%$;灰铸铁的体收缩率约为 $5\% \sim 8\%$。

2.浇注温度

浇注温度越高,液态收缩量越大。因此,在生产中多采用高温出炉和低温浇注措施来减小铸造金属的收缩量。

3.铸件结构和铸型条件

金属铸件在凝固和冷却过程中并不是自由收缩,而是受阻收缩。这是因为铸件的各个部位由于冷却速度不相同,相互制约而对收缩产生收缩阻力。例如,当铸件结构设计不合理或铸型、芯型的退让性差时,铸件就容易产生收缩阻力。因此,铸件的实际线收缩率比自由收缩时的线收缩率要小些。

(三)缩孔与缩松的形成及防止

1.缩孔和缩松的形成

熔融金属在铸型内凝固过程中,由于补缩不良,在铸件最后凝固的部分将会形成孔洞,这种孔洞称为缩孔。缩孔形成过程如图 7-22 所示。缩孔通常隐藏在铸件上部或最后凝固部位,有时经机械加工后才可暴露出来。

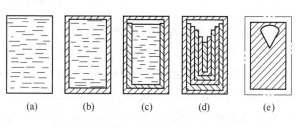

| (a) | (b) | (c) | (d) | (e) |

图 7-22　铸件缩孔形成过程示意图

　　具有较大结晶温度区间的金属,其结晶是在铸件截面上一定的宽度区域内同时进行的。结晶过程中先生成的树枝状晶体彼此相互交错,将熔融金属分割成许多小的封闭区域,如图7-23所示。封闭区域内的熔融金属凝固时得不到补充,则形成许多分散的小缩孔,这种在铸件缓慢凝固区出现的细小缩孔称为缩松。

　　缩孔与缩松不仅减小铸件受力的有效面积,而且在缩孔部位易产生应力集中,使铸件的力学性能显著降低,因此,在生产中应尽量避免。

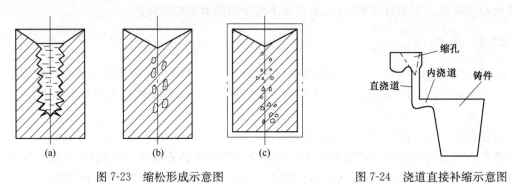

图 7-23　缩松形成示意图　　　　　　　　图 7-24　浇道直接补缩示意图

2.缩孔的防止方法

　　防止缩孔的方法称为补缩。对于形状简单的铸件,可将浇口设置在厚壁处,适当扩大内浇道的截面积,利用浇道直接进行补缩,如图7-24所示。

　　只要合理控制铸件的凝固过程,使之按顺序凝固,便可获得没有缩孔的致密铸件。所谓顺序凝固是指铸件按"薄壁→厚壁→冒口"的顺序进行凝固的过程。通过增设冒口或冷铁等一系列措施,可使铸件远离冒口的部位先凝固,然后是靠近冒口部位凝固,最后才是冒口本身凝固。按照这个顺序,可以使铸件各个部位的凝固收缩均能得到熔融金属的充分补缩,从而将缩孔转移到冒口之中。冒口为铸件的多余部分,在铸件清理时切除,即可得到无缩孔的铸件。图7-25为冒口补缩示意图。

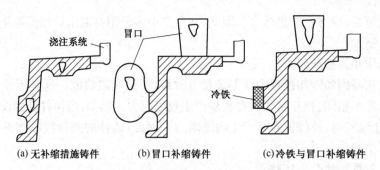

(a) 无补缩措施铸件　　　　(b) 冒口补缩铸件　　　　(c)冷铁与冒口补缩铸件

图 7-25　顺序凝固与冒口补缩示意图

3.铸造应力、变形和裂纹的形成与防止

　　铸件在凝固和冷却过程中由于受阻收缩、热作用和相变等因素而引起的内应力称为铸造应力。铸造应力分为收缩应力、热应力和相变应力。收缩应力是由于铸型、型芯等阻碍铸件收缩而产生的内应力;热应力是由于铸件各部分冷却、收缩不均匀而引起的;相变应力是由于金属铸件在固态相变过程中,由于铸件各部分体积发生不均衡变化而引起的。

　　为了防止铸件产生收缩应力,应提高铸型和型芯的退让性,如在型砂中加入适量的锯末或在芯砂中加入高温强度较低的特殊黏结剂等,都可以减小其对铸件收缩的阻力。

预防热应力的基本途径是尽量减少铸件各部分的温度差,使其均匀地冷却。设计铸件时,应尽量使其壁厚均匀,避免铸件产生较大的温差,同时在铸造工艺上应采用同时凝固原则。

为了减小铸件变形,防止铸件开裂,应合理设计铸件的结构,力求使铸件壁厚均匀,形状对称;合理设计浇冒口、冷铁等,使铸件冷却均匀;采用退让性好的型砂和芯砂;浇注后不要过早落砂;铸件在清理后及时去应力退火。

第四节　特种铸造简介

与砂型铸造不同的其他铸造方法称为特种铸造。常用的特种铸造方法有:金属型铸造、压力铸造、离心铸造、熔模铸造、低压铸造、陶瓷型铸造、壳型铸造、连续铸造和挤压铸造等。

一、金属型铸造

金属型铸造是指在重力作用下将溶融金属浇入金属型获得铸件的方法。图 7-26 为垂直分型式金属型。与砂型铸造相比,金属型铸造的优点是:一个金属型可浇注几百次至几万次,节省了造型材料和造型工时,提高了生产率,改善了劳动条件,所得铸件尺寸精度高。另外,由于金属型导热快,铸件晶粒细,因此,其力学性能也较好。但金属型制造周期较长,费用较高,不适于单件、小批生产。同时由于铸型冷却快,铸件形状不宜复杂,壁不易太薄,否则铸件易产生浇不足、冷隔等缺陷。

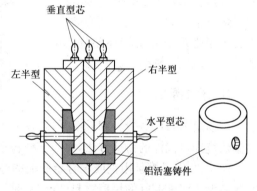

图 7-26　垂直分型式金属型

目前,金属型铸造主要用于非铁金属铸件的大批量生产,如内燃机活塞、汽缸体、汽缸盖、轴瓦、衬套等零件常用此法来成形。

二、压力铸造

压力铸造是将熔融金属在高压下高速充填金属型腔,并在压力下使熔融金属凝固的铸造方法。压力铸造在压铸机上进行,图 7-27 为卧式冷压室压铸机工作原理图。

压力铸造是在高压高速下注入熔融金属,故可得到形状复杂的薄壁件,而且压力铸造具有

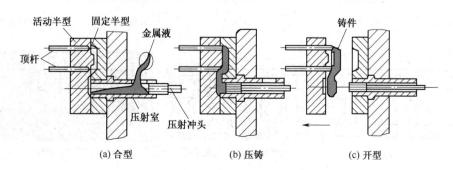

(a) 合型　　　　　　(b) 压铸　　　　　　(c) 开型

图 7-27　卧式冷压室压铸机工作原理图

较高的生产率。由于熔融金属是在压力下结晶,因此铸件内部晶粒细,组织致密,强度较高。但是,压力铸造过程中铸件易产生气孔与缩松,而且设备投资较大,压型制造费用高,因此,压力铸造适用于大批量生产薄壁复杂形状的非铁金属小铸件。

三、离心铸造

离心铸造是将熔融金属浇入浇水平或倾斜主轴旋转着的铸型中,并在离心力的作用下凝固成铸件的铸造方法。

离心铸造的铸型可以是金属型,也可以是砂型。铸型在离心铸造机上根据需要可以绕垂直轴旋转,也可绕水平轴旋转,如图7-28所示。

由于离心力的作用,熔融金属中的气体、熔渣都集中于铸件的内表面,并使金属呈定向结晶,因而铸件组织致密,力学性能较好,但其内表面质量较差,所以应增加铸件内孔的加工余量。离心铸造可以省去芯型,可以不设浇注系统,因此,减少了熔融金属的消耗量。离心铸造主要用于生产空心旋转体铸件,如各种管子、缸套、轴套、圆环等。

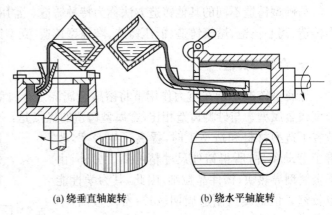

(a) 绕垂直轴旋转　　　　(b) 绕水平轴旋转

图 7-28　离心铸造示意图

四、熔模铸造

用易熔材料(如蜡料)制成模样,在模样上包覆若干层耐火涂料,制成型壳,熔出模样后经高温焙烧即可浇注的铸造方法,称为熔模铸造。熔模铸造的工艺过程如图7-29所示。

图7-29中母模是用钢或铜合金制成的标准铸件,用来制造压型。压型是用来制造蜡模的特殊铸型。将配制好的蜡模材料(常用的是50%石蜡和50%硬脂酸)熔化,并浇入压型中,即

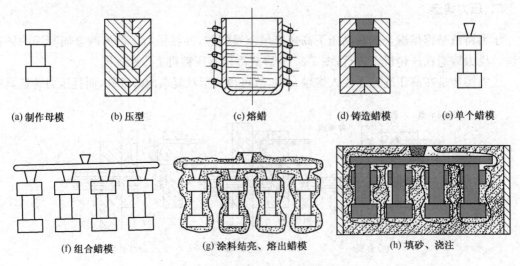

(a) 制作母模　　　(b) 压型　　　　(c) 熔蜡　　　　(d) 铸造蜡模　　　(e) 单个蜡模

(f) 组合蜡模　　　　(g) 涂料结亮、熔出蜡模　　　　(h) 填砂、浇注

图 7-29　熔模铸造工艺过程示意图

可得到单个蜡模。再把许多蜡模粘合在蜡质浇注系统上,即可成为蜡模组。蜡模组浸入以水玻璃与石英粉配制的涂料中,取出后再撒上石英砂并在氯化胺溶液中硬化,重复数次直到结成5~10 mm的硬壳为止。接着将它放入85℃左右的热水中,使蜡模熔化并流出,从而形成铸型型腔,如图7-29(a)~图7-29(g)所示。为了提高铸型强度及排除残蜡和水分,最后还需将铸型放入850~950℃的炉内焙烧,然后将铸型放在砂箱内,周围填砂,即可进行浇注。

熔模铸造的特点是:铸型是一个整体,无分型面,是以熔化模样作为起模方式,所以,熔模铸造可以制作出各种形状复杂的小型铸件(如汽轮机叶片、刀具等),而且铸件尺寸精确、表面光洁,可以实现少切削或无切削加工。

熔模铸造常用于中、小型形状复杂的精密铸件或熔点高、难以压力加工或难以切削加工的金属。但熔模铸造工艺过程复杂,生产周期长,铸件制造成本高。同时,由于铸型强度不高,故不能制造尺寸较大的铸件。

思　考　题

一、名词解释

1. 铸造;2. 砂型铸造;3. 造型;4. 造芯;5. 浇注系统;6. 流动性;7. 收缩性;8. 特种铸造;9. 压力铸造。

二、填空题

1. 特种铸造包括_____铸造、_____铸造、_____铸造、_____铸造等。

2. 型砂和芯砂主要由_____砂、_____剂和_____物组成。

3. 造型材料应具备一定的_____性、_____性、_____性、_____性和_____性等。

4. 手工造型方法有:_____造型、_____造型、_____造型、_____造型、_____造型、_____造型和_____造型。

5. 浇注系统由_____、_____、_____和_____组成。

6. 造型方法通常分为_____造型和_____造型两大类。

7. 熔融金属从浇注温度冷却到室温要经过_____收缩、_____收缩、_____收缩三个阶段。

8. 铸造应力分为_____应力、_____应力和_____应力。

9. 顺序凝固是指铸件按"_____→_____→_____"的顺序进行凝固的过程。

三、简答题

1. 铸造生产有哪些优点和缺点?

2. 铸件上产生缩孔的根本原因是什么? 定向凝固为什么能避免缩孔缺陷?

3. 按内浇道在铸件上的位置,浇注系统分为哪几个类型?

4. 影响金属流动性的因素有哪些?

5. 采用砂型铸造方法制造图7-30所示的哑铃20件,问应采用何种造型方法? 为什么?

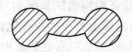

图 7-30　哑铃

四、课外研讨

观察"马踏飞燕"青铜器的外形,调查此青铜器的铸造年代,研究其可能采用的铸造工艺方法,并分析"马踏飞燕"青铜器的设计思想。

第八章

金属锻压成形

第一节 锻压成形概述

锻压是对坯料施加外力,使金属产生塑性变形,改变其尺寸与形状,改善其性能,用以制造机械零件、工件或毛坯的成形加工方法。它是锻造和冲压的总称。金属锻压成形加工包括:锻造(自由锻、模锻、胎模锻等)、冲压、挤压、轧制、拉拔等,如图 8-1 所示。

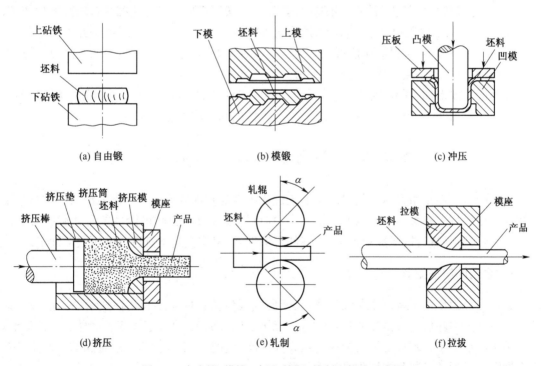

(a) 自由锻　　　　(b) 模锻　　　　(c) 冲压

(d) 挤压　　　　(e) 轧制　　　　(f) 拉拔

图 8-1　自由锻、模锻、冲压、挤压、轧制和拉拔示意图

锻造是指在加压设备及工(模)具的作用下,使坯料、铸锭产生局部或全部的塑性变形,以获得一定几何尺寸、形状和质量的锻件的加工方法。

冲压是指使坯料经分离或成形获得制件的工艺统称。

挤压是指坯料在封闭模腔内受三向不均匀压应力作用下,从模具的孔口或缝隙挤出,使之横截面积减少,成为所需制品的加工方法。

轧制是指金属材料(或非金属材料)在旋转轧辊的压力作用下,产生连续塑性变形,获得所要求的截面形状并改变其性能的方法,按轧辊轴线与轧制线间和轧辊转向的关系不同可分为纵轧、斜轧和横轧三种。

拉拔是指坯料在牵引力作用下通过模孔拉出使之产生塑性变形而得到截面小、长度增加的制件的工艺。

各种锻压成形加工方法均是以金属的塑性变形为基础的,各种钢材和大多数非铁金属及其合金都具有不同程度的塑性,因此,它们可在冷态或热态下进行锻压成形加工,而脆性材料(如灰铸铁、铸造铜合金、铸造铝合金等)则不能进行锻压成形加工。

金属锻压成形加工在机械制造工业中具有广泛的应用,这是由于锻压成形加工具有如下的特点:

(1)改善了金属内部组织,提高了金属的力学性能。金属经锻压成形加工后,可使金属毛坯的晶粒变得细小,并使原始铸造组织中的内部缺陷(如微裂纹、气孔、缩松等)压合,因而提高了金属的力学性能。

(2)节省金属材料。由于锻压成形加工提高了金属的强度等力学性能,因此,零件的截面尺寸可以相对地缩小,减轻零件的重量。另外,采用精密锻压时,可使锻压件的尺寸精度和表面粗糙度接近成品零件,可以实现少切削或无切削加工。

(3)具有较高的生产率。除自由锻造外,其他几种锻压成形加工方法都具有较高的生产率,如齿轮压制成形、滚轮压制成形等制造方法均比机械加工的生产率高出几倍甚至几十倍以上。

(4)生产范围广。金属锻压成形加工可以生产各种不同类型与不同重量的产品,从重量不足一克的冲压件,到重量达数百吨的大型锻件等都可以进行生产。

金属锻压成形加工的不足之处是,不能获得形状复杂的工件,一般工件的尺寸精度、形状精度和表面质量还不够高,加工设备比较昂贵,工件的制造成本比铸件高。

第二节　金属锻压加工基础知识

金属的可锻性是指金属材料在锻压加工过程中经受塑性变形而不开裂的能力。它与金属的塑性和变形抗力有关,塑性好,变形抗力小,则可锻性好,反之,则可锻性差。金属的可锻性好,表明金属容易进行锻压成形加工;金属的可锻性差,表明金属不宜进行锻压成形加工。

一、金属的塑性变形

金属在外力作用下将产生塑性变形,其变形过程包括弹性变形和塑性变形两个阶段。弹性变形在外力去除后能够恢复原状,所以,不能用于成形加工,只有塑性变形这种永久性变形,才能用于成形加工。塑性变形对金属的组织和性能有直接影响,因此,了解金属的塑性变形对于掌握锻压成形加工的基本原理具有重要意义。

(一)金属塑性变形的实质

金属晶体受到切应力时会产生塑性变形,单晶体的塑性变形主要是由于切应力引起晶体内部位错运动产生的,即滑移变形,如图8-2所示。当切应力达到某一临界值 τ_k 时,单晶体晶格发生弹、塑性变形〔图8-2(c)〕;单晶体

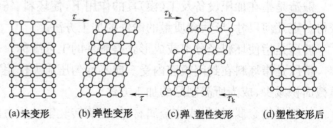

(a)未变形　　(b) 弹性变形　　(c) 弹、塑性变形　　(d) 塑性变形后

图8-2　单晶体滑移时刃型位错的运动

塑性变形后,晶体会沿滑移面产生错移结构,如图8-2(d)所示。单晶体的塑性变形方式有滑移和孪晶两种。

多晶体是由许多微小的单个晶粒杂乱组成的,因此,多晶体的塑性变形过程可以看成是许多单个晶粒塑性变形的总和。另外,多晶体塑性变形还存在着晶粒与晶粒之间的滑移和转动,即晶间变形,如图8-3所示。但多晶体的塑性变形以晶内变形为主,晶间变形很小。由于晶界处原子排列紊乱,各个晶粒的位向不同,使晶界处的位错运动较难,所以,晶粒愈细,晶界面积愈大,变形抗力愈大,金属的强度也愈高;另外,晶粒越细,金属塑性变形分散在更多的晶粒内进行,应力集中较小,金属塑性变形能力也越好,因此,生产中都尽量获得细晶粒组织。

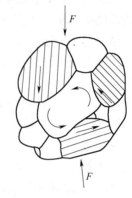

图8-3 多晶体塑性变形示意图

金属塑性变形过程的实质是位错沿着滑移面的运动过程。在滑移过程中,一部分旧的位错消失,同时又大量产生新的位错,但总的位错数量是增加的,大量位错运动的宏观表现就是金属的塑性变形。位错运动观点认为:晶体缺陷及位错相互纠缠会阻碍位错运动,导致金属强化,即产生冷变形强化现象。

(二)金属的冷变形强化

随着金属冷变形程度的增加,金属材料的强度和硬度会有所提高,但塑性有所下降,这种现象称为冷变形强化(或加工硬化)。冷变形强化使金属的可锻性能恶化。塑性变形后,金属的晶格结构发生严重畸变,金属的晶粒被压扁或拉长,甚至一个晶粒破碎成许多小晶块,这种组织称为纤维组织,如图8-4所示。纤维组织中位错密度提高,变形难度加大。低碳钢塑性变形时力学性能的变化规律如图8-5所示。

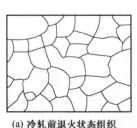

(a) 冷轧前退火状态组织

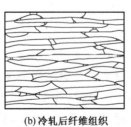

(b) 冷轧后纤维组织

图8-4 冷轧前后多晶体晶粒形状的变化

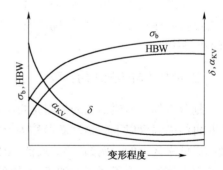

图8-5 低碳钢的冷变形强化规律

二、回复与再结晶

冷变形强化金属的组织结构处于不稳定状态,它具有自发地恢复到稳定状态的倾向。但是在室温下,金属原子的活动能力很小,这种不稳定状态的组织结构能够保持很长时间而不发生明显的变化。只有对冷变形金属组织进行加热,金属原子的活动能力才会增大,才会发生组织结构和力学性能的变化,并逐步恢复到稳定状态。冷变形金属加热时发生的组织变化过程包括:回复、再结晶和晶粒长大三个阶段,如图8-6所示。

(一)回 复

将冷变形后的金属加热至一定温度后,使原子回复到平衡位置,晶粒内部的残余应力大大减少的现象称为回复。冷拔弹簧钢丝绕制弹簧后常进行低温退火,就是利用回复现象保持冷拔钢丝的高强度,消除冷卷弹簧时产生的内应力。

(二)再结晶

当加热温度较高时,塑性变形后的晶粒及被拉长了的晶粒会重新生核,转变为均匀的等轴晶粒,并且金属的锻造性能得到恢复,这个过程称为再结晶。

再结晶是在一定的温度范围进行的,开始产生再结晶现象的最低温度称为再结晶温度。纯金属的再结晶温度为

$$T_{再} \approx 0.4 T_{熔} \quad (K)$$

式中 $T_{熔}$——是纯金属的开氏温度熔点。

加入合金元素会使金属的再结晶温度显著提高。在常温下经过塑性变形的金属,加热到再结晶温度以上,使其发生再结晶的处理过程称为再结晶退火。再结晶退火可以消除冷变形强化现象,提高金属的塑性,恢复金属继续进行锻压加工的能力,如金属在冷轧、冷拉、冷冲压过程中,需在各工序中穿插再结晶退火对金属进行软化。

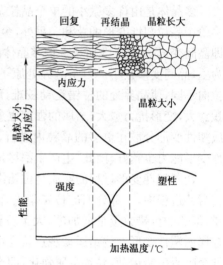

图 8-6　冷变形金属加热时组织
与性能的变化规律

有些金属如铅和锡其再结晶温度均低于室温,约为零度,因此,它们在室温下不会产生冷形变强化现象。

(三)晶粒长大

产生纤维化组织的金属,通过再结晶,一般都能得到细小而均匀的等轴晶粒。但是如果加热温度过高或加热时间过长,则晶粒会明显长大,成为粗晶组织,从而使金属的力学性能下降,可锻性恶化。

三、冷加工与热加工的界限

划分冷加工与热加工的界限是再结晶温度。在再结晶温度以上的塑性变形属于热加工;而在再结晶温度以下的塑性变形称为冷加工。显然,冷加工与热加工并不是以具体的加工温度的高低来区分的。例如,钨的最低再结晶温度约为1 200℃,所以,钨即使在稍低于1 200℃的高温下塑性变形仍属于冷加工;而锡的最低再结晶温度约为－7℃,所以,锡即使在室温下塑性变形却仍属于热加工。在冷加工过程中,由于冷变形强化使金属的可锻性变差。在热加工过程中,由于同时进行着再结晶软化过程,金属的可锻性变好,因此,能够顺利地进行塑性变形,从而实现成形加工。

四、锻造流线与锻造比

(一)锻造流线

在锻造时,金属的脆性杂质被打碎,顺着金属主要伸长方向呈带状分布;塑性杂质随着金属变形沿主要伸长方向呈带状分布,且在再结晶过程中不会消除,这种组织在热锻后具有一定的方向性,通常将这种组织称为锻造流线。锻造流线使金属的性能呈各向异性。沿着流线方向(纵向)的抗拉强度较高,而垂直于沿着流线方向(横向)的抗拉强度较低。

在设计和制造机械零件时,必须考虑锻造流线的合理分布。使锻造流线与零件的轮廓相符合而不被切断是锻件成形工艺设计的一条原则。图 8-7 所示是吊钩、螺栓头和曲轴中锻造流线合理分布的状态。

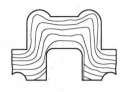

(a)吊钩的锻造流线分布　　(b)螺栓头的锻造流线分布　　(c)曲轴的锻造流线分布

图 8-7　锻造流线的合理分布

（二）锻　造　比

在锻造生产中,金属的变形程度常以锻造比 Y 来表示,即以变形前后的截面比、长度比或高度比表示。其中

拔长时的锻造比 $\qquad\qquad\qquad Y_{拔}=F_0/F=L/L_0$

镦粗时的锻造比 $\qquad\qquad\qquad Y_{镦}=H_0/H=F/F_0$

式中,H_0、L_0、F_0 分别为坯料变形前的高度、长度和横截面积;H、L、F 分别为坯料变形后的高度、长度和横截面积。

当锻造比达 $Y<2$ 时,原始铸态组织中的疏松、气孔被压合,组织被细化,锻件各个方向的力学性能均有显著提高;当 $Y=2\sim5$ 时,锻件中锻造流线组织明显,产生明显的各向异性,沿锻造流线方向力学性能略有提高,但垂直于锻造流线方向的塑性开始明显下降;当 $Y>5$ 时,锻件沿锻造流线方向的力学性能不再提高,垂直于锻造流线方向的塑性急剧下降。因此,以铸锭为坯料进行锻造时,应按锻件的力学性能要求选择合理的锻造比。对沿锻造流线方向有较高力学性能要求的锻件(如拉杆),应选择较大的锻造比;对垂直于锻造流线方向有较高力学性能要求的锻件(如吊钩),锻造比取 $2\sim2.5$ 即可。

五、影响金属可锻性的因素

金属的塑性变形能力和变形抗力决定了是否容易对金属进行锻造成形。金属的塑性变形抗力决定了锻造设备吨位的选择。在锻造生产中,必须控制各项因素,改善金属的可锻性。影响金属可锻性的因素有:化学成分、组织结构、变形温度、变形速度和应力状态。

一般来说,纯金属的可锻性优于合金的可锻性;合金钢中合金元素的质量分数愈高,化学成分愈复杂,其可锻性愈差;非合金钢中碳的质量分数愈高,其可锻性愈差。

纯金属或未饱和的单相固溶体组织具有良好的可锻性;合金中的金属化合物会使金属的可锻性恶化;细晶组织的可锻性优于粗晶组织。

在一定温度范围内,随着变形温度的升高,再结晶过程逐渐进行,金属的变形能力增加,变形抗力减少,从而改善了金属的可锻性。

一般来说,变形速度提高,金属的可锻性变差。金属在挤压时呈三向压应力状态,表现出较高的塑性和较大的变形抗力;金属在拉拔时呈两向压应力和一向拉应力状态,表现出较低的塑性和较小的变形抗力。

第三节　金属锻造工艺

一、坯料加热

(一)加热目的

金属加热的目的是提高金属塑性和降低变形抗力,改善金属的可锻性和获得良好的锻后组织,可以用较小的锻打力量使坯料产生较大的变形而不破裂。非合金钢、低合金钢和合金钢锻造时应在单相奥氏体区进行,因为奥氏体组织具有良好的塑性和均匀一致的组织。

(二)锻造温度范围

锻造温度范围是指始锻温度到终锻温度之间的温度间隔。

1. 始锻温度

始锻温度是指开始锻造时金属坯料的温度,也是允许的最高加热温度。这一温度不宜过高,否则可能造成过热与过烧;但始锻温度也不宜过低,因为温度过低则使锻造温度范围缩小,缩短锻造操作时间,增加锻造操作过程的复杂性。所以,确定始锻温度的原则是在不出现过热与过烧的前提下,应尽量提高始锻温度,以增加金属的塑性,降低变形抗力,有利于金属锻造成形加工。非合金钢的始锻温度应比固相线低 200℃左右,如图 8-8 所示。

2. 终锻温度

终锻温度是指金属坯料经过锻造成形,在停止锻造时锻件的瞬时温度。如果这一温度过高,则停锻后晶粒会在高温下继续长大,造成锻件晶粒粗大;如果终锻温度过低,则锻件的塑性较低,锻件变形困难,容易产生冷形变强化。所以,确定终锻温度的原则是在保证锻造结束前金属还具有足够的塑性,以及锻造后能获得再结晶组织的前提下,终锻温度应稍低一些。非合金钢的终锻温度一般为 800℃左右,如图 8-8 所示。常用金属的锻温度范围见表 8-1。

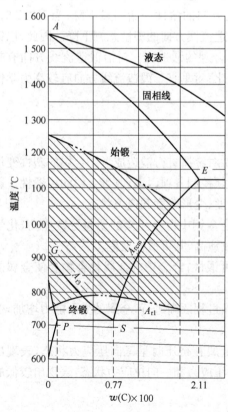

图 8-8　非合金钢的锻造温度范围

表 8-1　常用金属的锻造温度范围

钢的类型	始锻温度/℃	终锻温度/℃
碳素结构钢	1 280	700
优质碳素结构钢	1 200	800
碳素工具钢	1 100	770
机械结构用合金钢	1 150~1 200	800~850
合金工具钢	1 050~1 200	800~850
不锈钢	1 150~1 180	825~850
耐热钢	1 100~1 150	850
高速钢	1 100~1 150	900~950
铜及铜合金	850~900	650~700
铝合金	450~480	380
钛合金	950~970	800~850

二、锻造成形

(一) 自 由 锻

自由锻是指只用简单的通用性工具，或在锻造设备的上、下砧铁之间直接对坯料施加外力，使坯料产生变形而获得所需的几何形状及内部质量的锻件的加工方法。采用自由锻方法生产的锻件，称为自由锻件。自由锻是通过局部锻打逐步成形的，它的基本工序包括：镦粗、拔长、冲孔、切割、弯曲、扭转、错移等。自由锻常用的设备有：空气锤(图 8-9)、蒸汽—空气锤及水压机等。

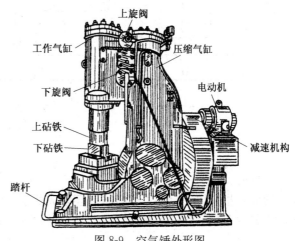

图 8-9　空气锤外形图

1.镦粗

镦粗是指使毛坯高度减小，横截面积增大的锻造工序，如图 8-10(a)所示。镦粗常用于锻造齿轮坯、圆盘、凸缘等锻件。锻粗时，由于坯料两端面与上下砧铁间产生摩擦力，阻碍金属的流动，因此，圆柱形坯料经镦粗后呈鼓形，需要在后续工序进行修整。对坯料上某一部分进行的镦粗，称为局部镦粗，图 8-10(b)所示为使用模具，镦粗凸肩齿轮；图 8-10(c)所示为使用垫环，镦粗坯料的中部。

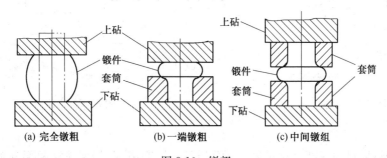

(a) 完全镦粗　　　　(b) 一端镦粗　　　　(c) 中间镦组

图 8-10　镦粗

2.拔长

拔长是指使毛坯横断面积减小，长度增加的锻造工序，如图 8-11 所示。拔长常用于锻造拉杆类、轴类、曲轴等锻件。

3.冲孔

冲孔是指在坯料上冲出透孔或不透孔的锻造工序，如图 8-12 所示。冲孔常用于锻造齿轮坯、套筒、圆环类等空心锻件。

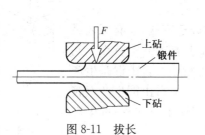

图 8-11　拔长　　　　　　　图 8-12　冲孔

4. 切割

切割是指将坯料分成几部分或部分地割开或从坯料的外部割掉一部分或从内部割掉一部分的锻造工序,如图8-13所示。切割常用于下料、切除锻件的料头、铸锭的冒口等。

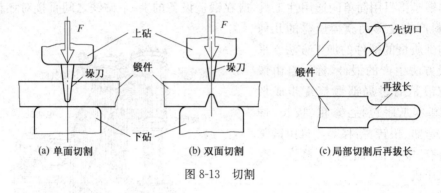

图 8-13　切割

5. 弯曲

弯曲是指采用一定的工模具将毛坯弯成所规定的外形的锻造工序,如图8-14所示。弯曲常用于锻造角尺、弯板、吊钩、链环等一类轴线弯曲的零件。

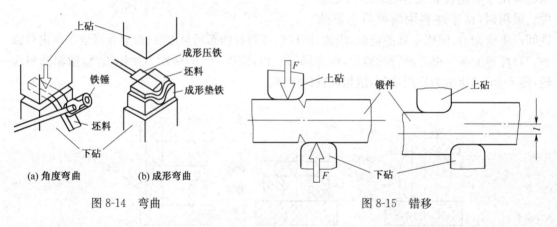

图 8-14　弯曲　　　　　　　　　图 8-15　错移

6. 错移

错移是指将坯料的一部分相对另一部分错开一段距离,并仍保持这两部分轴线平行的锻造工序,如图8-15所示。错移常用于锻造曲轴类零件。错移时,先对坯料进行局部切割,然后在切口两侧分别施加大小相等、方向相反且垂直于轴线的冲击力或压力,使坯料实现错移。

7. 扭转

扭转是将坯料的一部分相对于另一部分绕其轴线旋转一定角度的锻造工序。扭转多用于锻造多拐曲轴、麻花钻和校正某些锻件,如图8-16所示。

自由锻是历史最悠久的一种锻造方法,具有工艺灵活,所用设备及工具通用性大,加工成本低等特点。同时自由锻是逐步成形,所需变形力较小。自由锻是生产大型锻件(300 t以上)的唯一方法。但自由锻生产率较低,锻件精度低,劳动强度大,故多用于单件、小批生产形状较简单、精度要求不高的锻件。

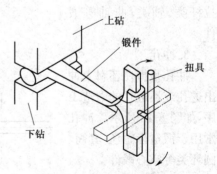

图 8-16　扭转方法示意图

（二）模　锻

模锻是指利用模具使毛坯变形而获得锻件的锻造方法。用模锻方法生产的锻件称为模锻件，由于坯料在锻模内是整体锻打成形的，因此，所需的变形力较大。

按所用设备不同，模锻分为模锻锤上模锻、曲柄压力机上模锻、摩擦压力机上模锻等。图8-17所示为锤上模锻。锻模由上锻模和下锻模两部分组成，分别安装在锤头和模垫上，加工时上锻模随锤头一起上下运动，上模向下扣合时，对模腔中的坯料进行冲击，使之充满整个模腔，从而得到所需的锻件。

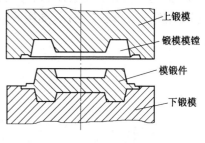

图 8-17　锤上模锻示意图

模锻与自由锻相比有很多优点，如模锻生产率高，有时比自由锻高几十倍；锻件尺寸比较精确；模锻件切削加工余量少，可节省金属材料，减少切削加工工时；能够锻制形状比较复杂的锻件。但模锻受到设备吨位的限制，模锻件质量一般在 150 kg 以下，且制造锻模的成本较高。因此，模锻主要用于大批量生产形状比较复杂，精度要求较高的中小型锻件。

（三）胎　模　锻

胎模锻是在自由锻设备上使用可移动模具生产模锻件的一种锻造方法。胎模是一种只有一个模腔且不固定在锻造设备上的锻模，只是在使用时才放在锤头或砧座上。

胎模锻是介于自由锻和模锻之间的一种锻造方法。它是在自由锻设备上使用可移动模具生产模锻件，胎模锻一般采用自由锻方法制坯，使坯料初步成形，然后在胎模中终锻成形。胎模的种类较多，常用胎模有：扣模、套模、摔模、弯曲模、合模和冲切模等。图 8-18 所示为胎模锻造示意图。

胎模锻与自由锻相比，生产率高，锻件精度较高，节约金属材料，锻件成本低；与模锻相比，不需吨位较大的设备，工艺灵活。但胎模锻比模锻的劳动强度大，模具寿命短，生产率低。因此，胎模锻一般在中小批量生产，无模锻设备的中小型工厂中应用广泛。

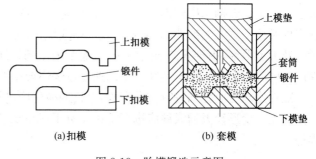

(a)扣模　　　　　　　(b) 套模

图 8-18　胎模锻造示意图

（四）其他锻造成形方法

1. 精密锻造

精密锻造是指在一般模锻设备上锻造高精度锻件的锻造方法。其主要特点是使用两套不同精度的锻模。锻造时，先使用粗锻模锻造，留有 0.1～1.2 mm 的精锻余量；然后，切下飞边并酸洗，重新加热到 700～900℃，再使用精锻模锻造。其锻件精度高，不需或只需少量切削加工。

2. 辊锻

辊锻是指用一对相向旋转的扇形模具使坯料产生塑性变形，获得所需锻件或锻坯的锻造工艺，如图 8-19 所示。辊锻实质上把轧制(纵轧)工艺应用于锻造成形中。辊锻时，坯料被扇形模具挤压成形，常作为模锻前的制坯工序，也可直

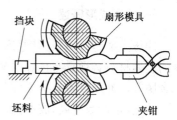

图 8-19　辊锻成形示意图

接制造锻件。例如,火车轮箍、齿圈、法兰和滚动轴承内圈与外圈等,就是采用辊锻锻制成形的。

3. 挤压

挤压生产率高,锻造流线分布合理。但变形抗力大,多用于挤压非铁金属件。按挤压温度不同可分为:冷挤压、温挤压和热挤压三种;按被挤压金属的流动方向与凸模运动关系可分为正挤压、反挤压和复合挤压,如图 8-20 所示。挤压工艺常用于生产中空零件,如排气阀、油杯等。

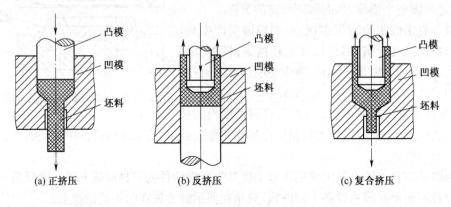

(a) 正挤压   (b) 反挤压   (c) 复合挤压

图 8-20   挤压成形示意图

三、冷却、检验与热处理

锻造成形的锻件,通常要根据锻件化学成分、尺寸、形状复杂程度等来确定其相应的冷却方法。对于低碳钢和中碳钢小型锻件,锻后常采用单个或成堆放置地上进行空冷;对于低合金钢锻件及截面宽大的锻件,则需要放入坑中或埋在砂或炉渣等填料中缓慢冷却;对于高合金钢锻件及大型锻件,由于其需要缓慢冷却,通常采用随炉缓冷。如果锻件冷却方式不当,会使锻件产生内应力、变形,甚至裂纹。冷却速度过快还会使锻件表面产生硬皮,难以进行切削加工。

锻件冷却后应仔细进行质量检验,合格的锻件应进行去应力退火或正火或球化退火,准备切削加工。变形较大的锻件应进行矫正。对于存在缺陷的锻件,如果技术条件允许,可以进行焊补。

第四节 冲   压

冲压是指使坯料经成形或分离而得到制件的工艺统称。因其通常在冷态下进行,所加工的金属多为薄板料,故又称冷冲压或板料冲压。

一、冲压成形概述

冲压主要是对薄板(其厚度一般不超过 10 mm)进行冷变形,冲压件的重量较小。需要冲压的金属材料必须具有良好的塑性,常用的金属材料有低碳钢,塑性好的合金钢以及铜、铝有色金属等。冲压设备有剪床(图 8-21)和冲床(图 8-22)。冲压操作过程简便,易于实现机械化和自动化,生产效率高,成本低。在汽车、航空、电器、仪表等工业中应用广泛。但是由于冲模制造复杂,质量要求高,所以,只有在大批量生产时,冲压的优越性才显得更为突出。

二、冲压的基本工序

冲压的基本工序分为分离和变形两大类。

1.分离工序

分离工序是指使金属坯料的一部分与另一部分相互分离的工序,如剪切、落料、冲孔等。

(1)剪切。以两个相互平行或交叉的刀片对金属材料进行切断的过程,称为剪切。通常剪切是在剪床上进行。

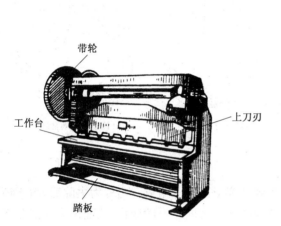

图 8-21 剪床外形图

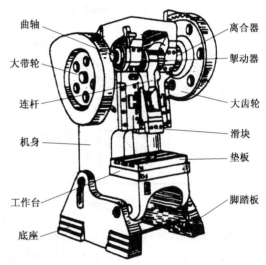

图 8-22 开式双柱可倾式冲床外形图

(2)冲裁。利用冲模将板料以封闭轮廓与坯料分离的冲压方法,称为冲裁。落料和冲孔,都属于冲裁工序,但二者的生产目的不同。落料是指利用冲裁取得一定外形的制件或坯料的冲压方法,被冲下的部分为成品,周边是废料;冲孔是将冲压坯内的材料以封闭的轮廓分离,得到带孔制件的一种冲压方法,被冲下的部分为废料,而周边形成的孔是成品。

板料冲裁过程如图 8-23 所示,凸模和凹模都具有锋利的刃口,二者之间有一定的间隙(z),当凸模压下时,板料要经过弹性变形、塑性变形和分离三个阶段的变化。当凸模(冲头)接触板料向下运动时,首先使板料产生弹性变形,当板料内的拉应力达到屈服点时,产生塑性变形,变形达到一定程度时,位于凸凹模刃口处的板料由于应力集中使拉应力超过板料的抗拉强度,从而产生微裂纹,上下裂纹汇合时,板料即被冲断。

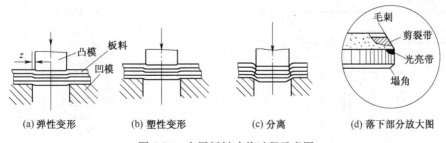

图 8-23 金属板料冲裁过程示意图

2. 成形工序

成形工序是使金属坯料的一部分相对于另一部分产生位移而不破裂的工序,如弯曲、拉深、翻边、胀形、缩口及扩口等。

(1)弯曲。弯曲是指将板料、型材或管材在弯矩作用下弯成具有一定曲率和角度制件的成形方法,如图 8-24 所示。

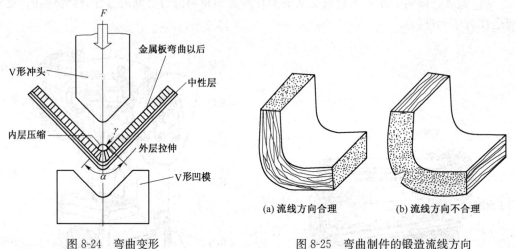

图 8-24 弯曲变形

图 8-25 弯曲制件的锻造流线方向

弯曲结束后,坯料产生的变形由塑性变形和弹性变形两部分组成。当外力去除后,由于坯料弹性变形消失,使坯料的形状和尺寸发生与弯曲时变形方向相反的变化,从而消去一部分弯曲变形效果,此现象称为回弹。坯料发生回弹后,被弯曲坯料的角度比弯曲模具的角度大一个回弹角(一般小于 10°)。因此,为抵消回弹现象对弯曲件的影响,弯曲模具的角度应比弯曲件的角度小一个回弹角。

板料弯曲时要注意其锻造流线(轧制时形成的)合理分布,应使锻造流线方向与弯曲圆弧的方向一致,如图 8-26 所示,这样不仅能防止弯曲时弯裂,也有利于提高弯曲件的使用性能。

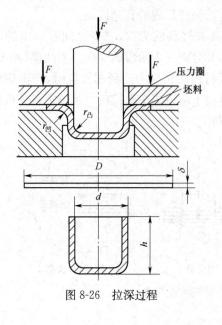

图 8-26 拉深过程

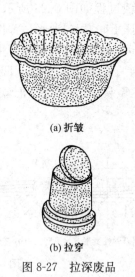

(a)折皱

(b)拉穿

图 8-27 拉深废品

（2）拉深。拉深是指变形区在一拉一压的应力状态作用下，使板料（浅的空心坯）成形为空心件（深的空心件）而厚度基本不变的加工方法，如图 8-26 所示。

拉深过程中，由于坯料边缘在切向受到压缩，在压应力的作用下，很可能产生波浪状变形，如图 8-27（a）所示。坯料厚度 δ 愈小，拉深深度愈大，愈容易产生折皱。为防止折皱的产生，必须用压边圈将坯料压住。压力的大小以工件不起皱为宜，压力过大会导致拉裂。

三、冲压工艺举例

冲压件变形工序的选择，是根据其形状、尺寸及每道工序中金属材料所允许的变形程度确定的。图 8-28 所示的多角形制件是由 8 个弯曲变形工序组成。

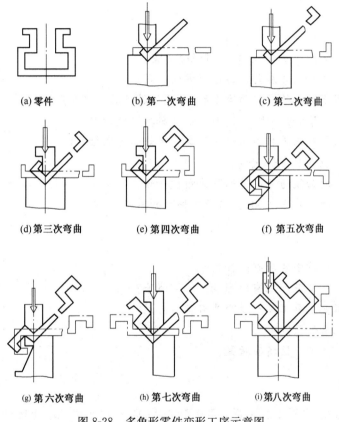

(a) 零件　　(b) 第一次弯曲　　(c) 第二次弯曲

(d) 第三次弯曲　　(e) 第四次弯曲　　(f) 第五次弯曲

(g) 第六次弯曲　　(h) 第七次弯曲　　(i) 第八次弯曲

图 8-28　多角形零件变形工序示意图

思　考　题

一、名词解释

1.冷变形强化；2.再结晶；3.热加工；4.可锻性；5.锻造流线；6.锻造比。

二、填空题

1._____与_____是衡量锻造性能优劣的两个主要指标，_____愈高，_____

愈小,金属的可锻性愈好。

2.随着金属冷变形程度的增加,金属的强度和硬度_____,塑性和韧性_____,使金属的可锻性_____。

3.金属加热的目的是_____金属的塑性和_____金属的变形抗力,以改善金属的_____和获得良好的锻后_____。

4.金属塑性变形过程的实质是_____过程。

5.弯曲件弯曲后,由于有_____现象,所以,弯曲模具的角度应比弯曲件的角度_____一个回弹角。

6.冲压的基本工序可分为_____和_____两大类。

三、判 断 题

1.细晶组织的可锻性优于粗晶组织。(　　)

2.非合金钢中碳的质量分数愈低,可锻性愈差。(　　)

3.零件工作时的拉应力应与锻造流线方向一致。(　　)

4.金属在常温下进行的变形为冷变形,加热后进行的变形为热变形。(　　)

5.因锻造前进行了加热,所以,任何金属材料均可进行锻造。(　　)

6.纯金属和未饱和的单相固溶体组织具有良好的可锻性。(　　)

7.冲压件材料应具有良好塑性。(　　)

8.弯曲模的角度必须与弯曲件的弯曲角度一致。(　　)

9.落料与冲孔的工序方法相同,只是工序目的不同。(　　)

四、简 答 题

1.确定锻造温度范围的原则是什么?

2.冷变形强化对锻压加工有何影响?如何消除?

3.自由锻有哪些主要工序?说明其有哪些应用?

4.落料与冲孔有何区别?

5.对拉深件如何防止皱折和拉裂?

五、分 析 题

1.试确定图 8-29 中自由锻件的主要变形工序(其中 $d_0=2d_1$,d_0 为坯料直径)。

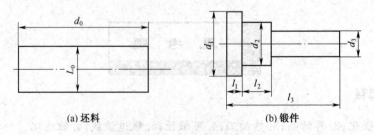

(a) 坯料　　　　　　(b) 锻件

图 8-29　坯料与自由锻件示意图

2.试确定图 8-30 中自由锻件的主要变形工序(其中 $d_0=2d_1=4d_2$,d_0 为坯料直径)。

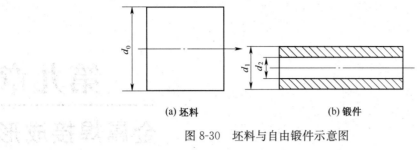

(a) 坯料　　　　　　　　(b) 锻件

图 8-30　坯料与自由锻件示意图

六、课外调研

　　观察小金匠锻制金银制品的操作过程,分析整个操作过程中各个工序的作用或目的,并编制其制作工艺流程。

第九章

金属焊接成形

焊接是一种重要的金属成形加工工艺,广泛应用于机车车辆、桥梁、容器、舰船、锅炉、起重机械、电视塔、海洋结构、金属桁架等结构的制造中,并且随着科学技术的不断发展和计算机技术在焊接工艺上的应用,焊接质量及生产率将不断提高,焊接在国民经济建设中的应用也将更加广泛。

第一节　焊接成形概述

一、焊接的分类

焊接是指通过加热或加压或同时加热加压,并且用或不用填充材料使工件达到结合的一种工艺方法。焊接方法的种类很多,通常分为三大类:熔焊、压焊和钎焊。

(1)熔焊。它是将待焊处的母材金属熔化以形成焊缝的焊接方法。

(2)压焊。焊接过程中,必须对焊件施加压力(加热或不加热)以完成焊接的焊接方法。

(3)钎焊。采用比母材熔点低的金属材料作钎料,将焊件和钎料加热到高于钎料熔点,低于母材熔化温度,利用液态钎料润湿母材,填充接头间隙并与母材相互扩散实现连接焊件的工艺方法。

常用焊接方法的分类如下:

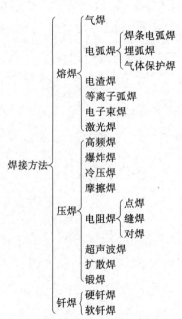

二、焊接的特点

（1）焊接可以减轻结构重量，节省金属材料。焊接与传统的铆接方法相比，一般可以节省金属材料 15%～20%。由于节约了材料，金属结构的自重也得到减轻。

（2）焊接可以制造双金属结构。用焊接方法可以对不同金属材料零件进行对焊、摩擦焊等，还可以制造复合层容器，以满足高温、高压设备、化工设备等特殊的性能要求。

（3）焊接能化大为小，以小拼大。在制造形状复杂的结构件时常常先把金属材料加工成较小的部分，然后逐步装配焊接实现以小拼大。对于大型结构，如船体等，它的制造过程都是以小拼大。

（4）焊接结构强度高，产品质量好。在多数情况下焊接接头能达到与母材等强度，甚至接头强度高于母材强度，因此，焊接结构的质量比铆接结构好，目前焊接已基本上取代了铆接结构。

（5）焊接过程中产生的噪声较小，工人劳动强度较低，生产率较高，易于实现机械化与自动化。

（6）由于焊接是一个不均匀的加热过程，焊接后会产生焊接应力与焊接变形。如果在焊接过程中采取合理的措施，则可以消除或减轻焊接应力与变形。

第二节　焊条电弧焊

焊条电弧焊是用手工操纵焊条进行焊接的电弧焊方法。焊条电弧焊是目前生产中应用最多、最普遍的一种金属焊接方法。它是利用焊条与焊件之间产生的电弧热，熔化焊件与焊条而进行焊接的。

一、焊接电弧

焊接电弧是在电极与焊件之间的气体介质中产生的强烈而持久的放电现象，如图 9-1 所示。焊接电弧的产生一般有接触引弧和非接触引弧两种方式，手工电弧焊采用接触引弧，如图 9-2（a）所示。将装在焊钳上的焊条，擦划或敲击焊件，由于焊条末端与焊件之间瞬时接触而造成短路，产生很大的短路电流，并使该区域温度迅速升高，为电子的逸出和气体电离准备了能量条件。接着迅速把焊条提起 2～4 mm 的距离，在两极间电场力作用下，被加热的阴极间就有电子高速飞出并撞击气体介质，使气体介质电离成正离子、负离子和自由电子，如图 9-2（b）所示。此时正离子奔向阴极，负离子和自由电子奔向阳极。在它们运动过程中以及到达两极

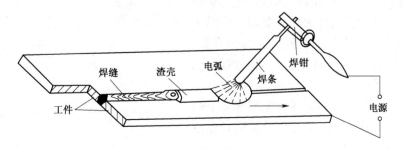

图 9-1　焊条电弧焊焊接过程示意图

时不断碰撞和复合,使动能变为热能,产生大量的光和热,因此,在焊条端部与焊件之间便形成了焊接电弧。

在焊条与焊件之间形成的电弧热,使焊件局部和焊条端部同时熔化成熔池,焊条金属熔化后成为熔滴,并借助重力和电弧气体的吹力作用过渡到焊件熔池中。同时,电弧热还使焊条药皮熔化或燃烧,药皮熔化后与液体金属发生物理化学作用,所形成的液态熔渣不断地从熔池中向上浮起,药皮燃烧时产生的大量气体环绕在电弧周围,熔渣和气体阻止空气中氧和氮的侵入,保护了熔化金属。

焊接电弧由阴极区、阳极区和弧柱区三部分组成,如图 9-2(c)所示。

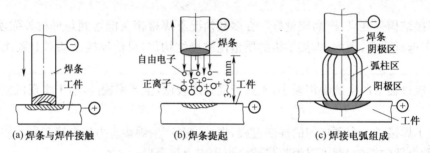

图 9-2　焊接电弧的形成和构造示意图

阴极区是发射电子的区域。发射电子需消耗一定能量,所以,阴极区产生的热量比阳极区少,只占电弧总热量的 36% 左右,温度大约为 2 400 K 左右。阳极区是接收电子的区域。由于高速电子撞击阳极表面因而产生较多的能量,占到电弧总热量的 43% 左右,温度大约为 2 600 K 左右。弧柱区是指阴极与阳极之间的气体空间区域。弧柱区产生的热量仅占电弧总热量 21% 左右,但弧柱中心温度最高,大约在 6 000～8 000 K 之间。弧柱区的热量大部分通过对流和辐射散失到周围空气中。

焊接电弧不同的区域其温度是不同的,阳极区的温度要高于阴极区。如果采用直流弧焊机焊接时,当把焊件接阳极、焊条接阴极时,则电弧热量大部分集中在焊件上,使焊件熔化加快,熔池深度大,易焊透,适用于焊接厚焊件,这种联接方法称为正接法,如图 9-3(a)所示。相反,如果焊件接阴极,焊条接阳极时,则焊条熔化得快,熔池深度浅,不易焊透,适合于焊接较薄的焊件或不需要较多热量的焊件,这种接法称为反接法,如图 9-3(b)所示。使用交流电焊机进行焊接时,由于阴、阳极不断地发生周期性变化,焊件与焊条得到的热是相等的,所以,不存在正接或反接问题。

电弧热量的多少是与焊接电流与电压的乘积成正比。通常把电弧稳定燃烧时,焊件与焊条之间所保持的一定电压,称为电弧电压。电弧电压主要与电弧长度(焊件与焊条间的距离)有关。电弧越长,相应电弧电压也越高,一般电弧电压在 20～35 V 范围内。由于电弧电压变化较小,所以,生产中主要是通过调节焊接电流来调节电弧热量,焊接电流越大则电弧产生的总热量也越多,反之,则总热量越少。

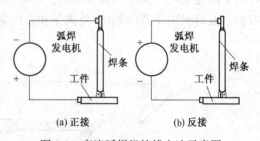

图 9-3　直流弧焊机接线方法示意图

二、焊条电弧焊设备及工具

(一)弧焊电源

为焊条电弧焊提供电源的专用设备称为电焊机,它是焊条电弧焊的主要设备,生产中按焊接电流的种类不同,电焊机可以分为交流弧焊机和直流弧焊机两类。

1.交流弧焊机

交流弧焊机实际上是一种特殊的降压变压器,如图9-4所示。焊接时,焊接电弧的电压基本不随焊接电流变化。当接通电源时(初级线圈形成回路),由于电磁互感作用,使次级线圈内产生感应电动势(即空载电压)。当焊条与工件接触时,次级线圈形成闭合回路,便有感应电流通过,从而产生焊接电弧,实现焊接。交流弧焊机的生产效率较高,结构简单,使用可靠,成本较低,噪声较小,维护与保养容易,但它的电弧燃烧时稳定性较差。

2.直流弧焊机

直流弧焊机有两种:一种是直流弧焊发电机,另一种是弧焊整流器,如图9-5所示。与交流弧焊机相比,直流弧焊机具有电弧燃烧稳定,适宜焊接不锈钢、薄板材。但直流弧焊机构造复杂、维修不便、噪声大、成本高、能耗大,适用于焊接较重要的焊件,如铜合金及铝合金等。

图9-4　交流弧焊机外形图

(a)直流弧焊发电机　　(b)弧焊整流器外形图

图9-5　直流弧焊机

(二)焊条电弧焊的工具

1.焊钳

焊钳的作用是夹持焊条和传导电流,如图9-6所示。一般要求电焊钳导电性能好、重量轻、焊条夹持稳固、换装焊条方便等。

2.焊接电缆

焊接电缆的作用是传导电流。一般要求用多股紫铜软线制成,绝缘性要好,而且要有足够的导电截面积,其截面积大小应根据焊接电流大小而定。

3.面罩及护目玻璃

面罩的作用是在焊接时保护操作人

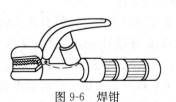

图9-6　焊钳

外层为普通玻璃

内层为深绿玻璃

图9-7　面罩

员的面部免受强烈的电弧光照射和飞溅金属的灼伤。护目玻璃,又称黑玻璃,它的作用是减弱电弧光的强度,过滤紫外线和红外线,使操作者在焊接时能通过护目玻璃观察到熔池的情况,掌握和控制焊接过程,避免眼睛受电弧光的灼伤,如图9-7所示。

金属工艺学

三、焊条

(一)焊条的组成与作用

电焊条由焊芯和药皮两部分组成,如图 9-8 所示。电焊条质量的优劣会对焊缝金属的力学性能有直接影响。

1.焊芯

焊芯是组成焊缝金属的主要材料。它的主要作用是传导焊接电流,产生电弧并维持电弧燃烧;其次是作为填充金属与母材熔合成一体,组成焊缝。在焊缝金属中,焊芯金属约占 60%~70%,由此可见焊芯的化学成分和质量

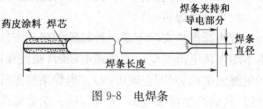

图 9-8 电焊条

对焊缝质量有重大影响。为了保证焊接质量,国家标准对焊芯的化学成分和质量作了严格的规定。

2.药皮

药皮由一系列矿物质、有机物、铁合金和黏结剂组成。它的主要作用是:

(1)保证焊接电弧的稳定燃烧;

(2)向焊缝金属渗入某些合金元素,提高焊缝金属的力学性能;

(3)改善焊接工艺性能,有利于进行各种空间位置的焊接;

(4)使焊缝金属顺利脱氧、脱硫、脱磷、去氢等;

(5)保护熔池与溶滴不受空气侵入。

(二)焊条的分类、型号及牌号

1.焊条的分类

焊条的分类方法很多,按用途不同可分为碳钢焊条、低合金钢焊条、不锈钢焊条、铸铁焊条、堆焊焊条、镍和镍合金焊条、铜和铜合金焊条、铝和铝合金焊条及特殊用途焊条等。

按焊条药皮熔化后的酸碱度可分为酸性焊条和碱性焊条两类。酸性焊条熔渣中酸性氧化物的比例较高,焊接时,电弧稳定、飞溅小、熔渣流动性和覆盖性较好,因此,焊缝美观,对铁锈、油脂、水分的敏感性不大,焊接工艺性较好,但焊接过程中对药皮合金元素烧损较大,抗裂性较差,适用于焊接一般结构件。碱性焊条,熔渣中碱性氧化物的比例较高。焊接时,电弧不够稳定,熔渣的覆盖性较差,焊缝不美观,焊前要求清除掉焊件表面的油脂和铁锈,焊接工艺性较差。但它的脱氧和去氢能力较强,故又称为低氢型焊条,焊接后焊缝的质量较高,适用于焊接要求高塑性和高韧性的重要结构件。

2.焊条型号、牌号及编制方法

焊条型号及牌号主要反映焊条的性能特点及类别。目前,我国参照国际标准,陆续对不同焊条型号作了修改,如碳钢焊条型号编制方法以字母"E"打头表示焊条,前两位数字表示熔敷金属抗拉强度的最小值,第三位数字表示焊条的焊接位置。"0"及"1"表示焊条适用于全位置焊接;"2"表示焊条适用于平焊及平角焊;"4"表示焊条适用于向下立焊;第三位和第四位数字组合表示焊接电流种类及药皮类型。例如,E4303 表示焊缝金属的 $\sigma_b \geqslant 420$ MPa,适用于全位置焊接,药皮类型是钛钙型,电流种类是交流或直流正、反接。

(三)焊条选用原则

1.考虑母材的力学性能和化学成分

对于结构钢主要考虑母材的强度等级,如母材是普通低合金钢时,可以选择低合金钢焊条;对于低温钢主要考虑母材低温工作性能;对于耐热钢、不锈钢等主要考虑熔敷金属的化学成分与母材相当。

2.考虑焊件的结构复杂程度和刚性

对于形状复杂、刚性较大的结构,应选用抗裂性好的碱性焊条。

3.考虑焊件的工作条件

根据不同的工作条件,应选用相应性能的焊条,如在腐蚀环境条件下工作的焊接结构件,应选择不锈钢焊条;在高温条件下工作的焊接结构件,应选择耐热钢焊条等。

此外,还要考虑生产率、焊接工艺、生产成本、焊接质量等因素。

四、焊条电弧焊工艺

(一)焊缝空间位置

焊接时,按焊缝在空间位置的不同可分为平焊、立焊、横焊和仰焊四种,如图9-9所示。其中平焊操作最容易、劳动条件好、生产效率高、质量易于保证,因此,一般应把焊缝放在平焊位置进行操作。立焊、横焊、仰焊时焊接较为困难,应尽量避免。若无法避免时,可选用小直径的焊条,较小的电流,调整好焊条与焊件的夹角与弧长再进行焊接。

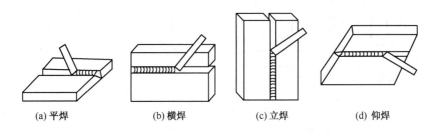

(a) 平焊　　　　(b) 横焊　　　　(c) 立焊　　　　(d) 仰焊

图9-9　焊缝的空间位置示意图

(二)焊接接头基本型式和坡口基本型式

对于焊条电弧焊,由于焊件结构形状,焊件厚度及对焊接质量的要求不同,焊件的接头型式和坡口型式有所不同。基本的焊接接头型式有:对接接头、角接接头、T形接头、搭接接头等。基本的坡口型式有:卷边坡口、I形坡口(不开坡口)、V形坡口、X形坡口、U形坡口、K形坡口、J形坡口等,如图9-10所示。

(三)焊接工艺参数的选择

焊接时为了保证焊接质量而选定的有关物理量的总称称为焊接工艺参数。它主要包括:焊接电流、焊条直径、焊接层数、电弧长度和焊接速度等。

1.焊条直径的选择

焊条直径的大小与焊件厚度、焊接位置及焊接层数有关。一般焊件厚度大时应采用大直径焊条;平焊时,焊条直径应大些;多层焊在焊第一层时应选用较小直径的焊条。焊件厚度与焊条直径的关系见表9-2。

2.焊接电流的选择

焊接电流的选择主要根据焊条直径大小确定,见表9-1。非水平位置焊接或焊接不锈钢时,焊接电流应比平焊时小15%左右。焊接角焊缝时,电流要稍大些。

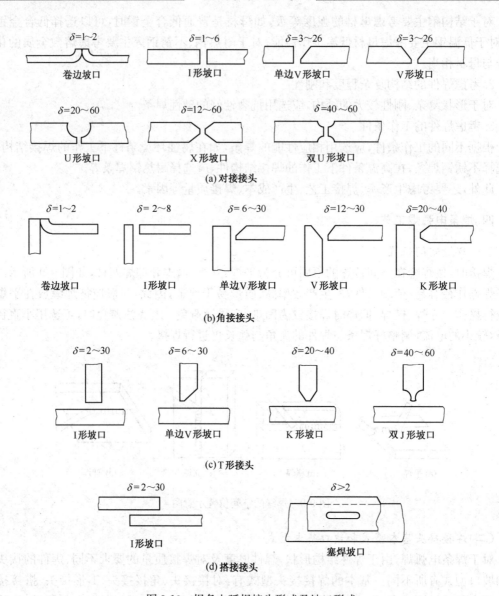

图 9-10 焊条电弧焊接头形式及坡口形式

表 9-1 焊件厚度、焊条直径与焊接电流的关系

焊件厚度/mm	1.5～2	2.5～3	3.5～4.5	5～8	10～12	13
焊条直径/mm	1.6～2	2.5	3.2	3.2～4	4～5	5～6
焊接电流/A	40～70	70～90	100～130	160～200	200～250	250～300

　　一般来说,焊接工艺参数的选择,应在保证焊接质量的前提下,尽量采用大直径焊条和大电流进行焊接,以提高劳动生产率。电弧长度和焊接速度在焊条电弧焊过程中,都是靠手工操作来掌握的,在技术上未作具体规定。但电弧过长,会使电弧不稳定,熔深减小,飞溅增加,还会使空气中的氧和氮侵入焊缝区,降低焊缝质量。所以,要求电弧长度尽量短些。焊接速度不应过快或过慢,应以焊缝的外观与内在质量均达到要求为适宜。

（四）基本操作技术

1.引弧

引弧是弧焊时引燃焊接电弧的过程。引弧的方法有敲击法和划擦法两种。引弧时,首先将焊条末端与工件表面接触形成短路,然后迅速将焊条向上提起 2～4 mm,电弧即可引燃,如图 9-11 所示。

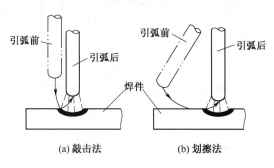

图 9-11 焊条引弧方法

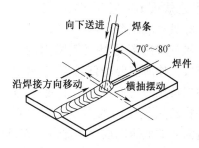

图 9-12 焊条角度与运条示意图

2.运条

引弧后,首先必须掌握好焊条与焊件之间的角度,如图 9-12 所示。同时,在操作过程中要使焊条同时完成三个基本动作,即:

（1）焊条向下送进运动。送进速度应等于焊条熔化速度,以保持弧长不变。

（2）焊条沿焊缝纵向移动。移动速度应等于焊接速度。

（3）焊条沿焊缝横向移动。焊条以一定的运动轨道周期地沿焊缝左右摆动,以便获得一定宽度的焊缝。

3.收尾

为防止尾坑现象出现在焊缝端部,焊条应停止向前移动,焊缝收尾时,可采用划圈收尾法、后移收尾法等,自下而上地慢慢拉断电弧,以保证焊缝尾部成形良好。

第三节 气焊与气割

气焊（或气割）是利用气体火焰作为热源来熔化母材和填充金属,实现金属焊接的一种方法,如图 9-13 所示。可燃性气体主要有乙炔、氢气、液化石油气等,其中最常用的是乙炔。

一、气焊与气割的设备及工具

气焊与气割设备基本相同,不同之处是气焊时采用焊矩,而气割时采用割矩。这些设备主要包括:氧气瓶、氧气减压器、乙炔气瓶、乙炔减压器、回火防止器、焊矩、割矩、胶皮管等,如图 9-14 所示。

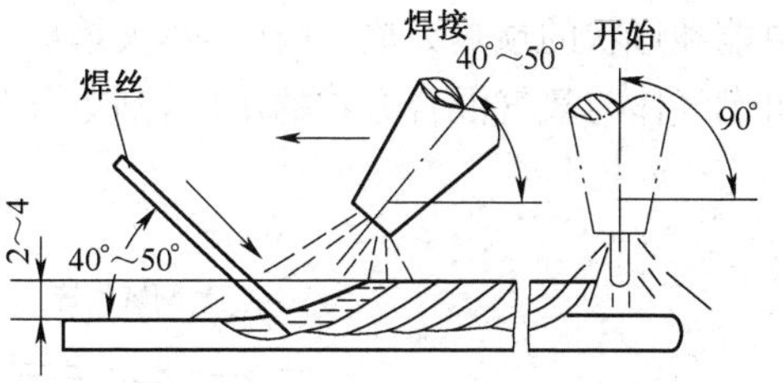

图 9-13 气焊操作示意图

1.氧气瓶

氧气瓶是一种储存和运输氧气用的高压容器,氧气容积一般为 40 L,瓶口上装有开闭氧气的阀门,并加套保护瓶阀的瓶帽。按规定,氧气瓶外表涂成天蓝色并用黑色字标明"氧气"字样。氧气瓶不许曝晒、火烤、振荡及敲打，也不许被油脂沾污。使用的氧气瓶必须定期进行压力试验。

2. 乙炔气瓶

乙炔气瓶是一种储存和运输乙炔气的高压容器，瓶口装有阀门并加套瓶帽保护。按规定乙炔气瓶外表涂成白色并用红色字标明"乙炔火不可近"字样。

3. 氧气减压器

氧气减压器是将氧气瓶内的高压氧气调节成工作所需要的低压氧气，并在工作过程中保持压力与流量稳定不变；乙炔气减压器是将乙炔气瓶内的高压乙炔气调节成工作所需要的低压乙炔气并保持工作过程中的压力与流量稳定不变。

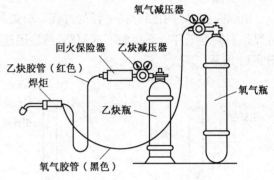

图 9-14　气焊设备连接示意图

4. 回火防止器

在气焊与气割过程中，由于气体供应不足，或管道与焊嘴阻塞等原因，均会导致火焰沿乙炔导管向内逆燃，这种现象称为回火。回火会引起乙炔气瓶或乙炔发生器的爆炸。为了防止这种严重事故的发生，必须在导管与发生器之间装上回火防止器。

5. 焊矩

焊矩的作用是将可燃气体与氧气按一定比例混合，并以一定的速度喷出，点燃后形成稳定燃烧并具有较高热能的焊接火焰。按可燃气体与氧气混合方式的不同，焊矩可分为射吸式和等压式两类。目前使用较多的是射吸式焊矩，如图 9-15 所示。

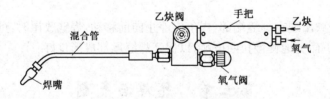

图 9-15　焊矩外形示意图

6. 割矩

割矩的作用是将可燃气体与氧气按一定的方式和比例混合后，形成稳定燃烧并具有一定热能和形状的预热火焰，并在预热火焰的中心喷射切割氧气流进行切割，如图 9-16 所示。按可燃气体与氧气混合方式的不同，割矩分为射吸式和等压式两类，其中射吸式使用广泛。

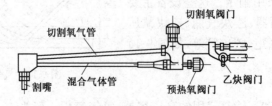

图 9-16　割矩外形示意图

二、气焊工艺

气焊是利用氧气和可燃气体(乙炔)混合燃烧所产生的热量将焊件和焊丝局部熔化而进行焊接的。气焊具有火焰容易控制、适应性强、不需电源、能够焊接多种金属材料等优点。但气焊也存在火焰温度较低、加热缓慢、热影响区较宽、焊件易变形及难于实现机械化等缺点。气焊一般适合于焊接厚度在 3 mm 以下的薄钢板、非铁金属及其合金、钎焊刀具及铸铁的补焊等。

(一)气焊火焰

气焊质量的优劣与所用气焊火焰的性质有很大关系。改变氧气与乙炔气体的体积比,可得到三种不同性质的气焊火焰,如图 9-17 所示。

1. 中性焰

氧气与乙炔气体的体积比等于 1.1~1.2,在燃烧区内既无过量氧又无游离碳的火焰为中性。氧气与乙炔充分燃烧,内焰的最高温度可达 3 000~3 200℃,适合于焊接低碳钢、中碳钢、低合金钢、紫铜、铝及其合金等。

2. 碳化焰

氧气与乙炔气体的体积比小于 1.1,火焰中含有游离碳,具有较强还原作用,也具有一定渗碳作用的火焰为碳化焰。此时乙炔过剩,火焰最高温度可达 3 000℃,适合于焊接高碳钢、高速钢、铸铁及硬质合金等。

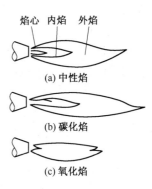

图 9-17　氧－乙炔火焰种类

3. 氧化焰

氧气与乙炔气体的体积比大于 1.2,火焰中有过量的氧,在尖形焰芯外面形成一个具有氧化性富氧区的火焰称为氧化焰。由于氧气充足,火焰燃烧剧烈,火焰最高温度可达 3 300℃,适合于焊接黄铜、锡青铜、镀锌铁皮等。

(二)接头形式与坡口形式

气焊时主要采用对接接头,而角接接头和卷边接头只是在焊接薄板时使用,搭接接头和 T 型接头很少采用。在对接接头中,当焊件厚度小于 5 mm 时,可以不开坡口,只留 0.5~1.5 mm 的间隙,厚度大于 5 mm 时必须开坡口。坡口的形式、角度、间隙及钝边等与焊条电弧焊基本相同。

(三)气焊工艺参数

1. 焊丝直径的选择

气焊焊丝的化学成分要求与焊件的化学成分基本相符;焊丝的直径一般是根据焊件的厚度来决定的,见表 9-2。

表 9-2　气焊焊件厚度与焊丝直径的关系

焊件厚度/mm	1~2	2~3	3~5	5~10	10~15	>15
焊丝直径/mm	1~2	2~3	3~4	3~5	4~6	4~6

2. 氧气压力与乙炔压力

氧气压力一般根据焊矩型号选择,通常取 0.2~0.4 MPa ;乙炔压力一般不超过 0.15 MPa。

3.焊嘴倾角的选择

焊嘴倾角是指焊嘴长度方向与焊接运动方向之间的夹角,如图 9-18 所示,其大小主要取决于焊件厚度和金属材料的熔点,焊件厚度与焊嘴倾角的关系见表 9-3。

表 9-3　焊嘴倾角的选择

焊件厚度/mm	1	1～3	3～5	5～7	7～10	10～15	>15
焊嘴倾角	20°	30°	40°	50°	60°	70°	80°

4.基本操作方法

气焊前,先调节好氧气压力和乙炔压力,装好焊矩,点火时,先打开氧气阀门,再打开乙炔阀门,随后点燃火焰,再调节所需要的火焰。灭火时,应先关乙炔阀门,再关氧气阀门,否则会引起回火。

5.焊接速度

焊接速度与焊件的熔点、厚度有关,一般当焊件的熔点高、厚度大时焊接速度应慢些,但在保证焊接质量的前提下应尽量提高焊接速度,以提高生产率。

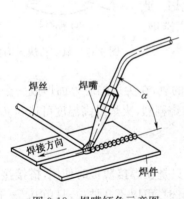

图 9-18　焊嘴倾角示意图

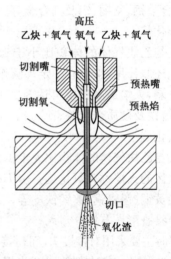

图 9-19　氧－乙炔火焰切割示意图

三、气割工艺

气割是利用氧－乙炔火焰的热能,将金属预热到燃点,然后开放高压氧气流使金属氧化燃烧,产生大量反应热,并将氧化物熔渣从切口吹掉,形成割缝的过程,如图 9-19 所示。

(一)氧—乙炔火焰切割金属的条件

(1)金属材料的燃点必须低于其熔点。否则,切割变为熔割使割口过宽且不整齐。

(2)燃烧生成的金属氧化物的熔点应低于金属材料的熔点,这样熔渣具有一定的流动性,便于高压氧气流吹掉。

(3)金属在氧气中燃烧时所产生的热量应大于金属材料本身由于热传导而散失的热量,这样才能保证有足够高的预热温度,使切割过程不断地进行。

(二)气割工艺参数

1.氧气压力与乙炔压力

氧气压力一般根据割炬或板材厚度选择,通常取 0.4～0.8 MPa,最高取 1.4 MPa。乙炔压力通常取 0.01～0.12 MPa。

2. 割嘴与割件间的倾斜角

割嘴与割件间的倾斜角是指割嘴与气割运动方向之间的夹角,它直接影响气割速度。割嘴倾斜角的大小由割件厚度来确定。直线切割时,当割件厚度为 20～30 mm 时,割嘴应与割件表面垂直;厚度小于 20 mm 时,割嘴应与切割运动方向相反方向成 60°～70°角;当割件厚度大于 30 mm 时,割嘴应与切割运动方向成 60°～70°角。曲线切割时,不论厚度大小,割嘴都必须与割件表面垂直,以保证割口平整。

割嘴离割件表面的距离可根据预热火焰及割件的厚度而定,一般为 3～5 mm,并要求在整个切割过程中保持一致。

3. 基本操作方法

气割前根据割件厚度选择割炬和割嘴,对于割件表面切口处的铁锈、油污等杂质应进行清理,割件要垫平,并在下方留出一定的间隙,预热火焰的点燃过程与气焊相同,预热火焰一般调整为中性焰或轻微氧化焰。

气割时将预热火焰对准割件切口进行预热,待加热到金属表层即将氧化燃烧时,再以一定压力的氧气流吹入切割层,吹掉氧化燃烧产生的熔渣,不断移动割炬,切割便可以连续地进行下去,直至切断为止。割炬移动的速度与割件厚度和使用割嘴的形状有关,割件越厚,气割速度越慢,反之,则越快。氧—乙炔火焰气割常用于纯铁、低碳钢、低合金结构钢的下料和切割铸钢件的浇冒口等。

第四节 其他焊接方法简介

一、埋弧焊

埋弧焊是指电弧在焊剂层下燃烧进行焊接的方法。埋弧焊属于电弧焊的一种,可分为埋弧自动焊和埋弧半自动焊两种。埋弧焊的工作原理是:电弧在颗粒状的焊剂下燃烧,焊丝由送丝机构自动送入焊接区。电弧沿焊接方向的移动靠手工操作完成的称为埋弧半自动焊,电弧沿焊接方向的移动靠机械自动完成的称为埋弧自动焊。

埋弧自动焊设备如图 9-20 所示,电源接在导电嘴和焊件上,颗粒状焊剂通过软管均匀地撒在被焊的位置,焊丝被送丝电机自动送入电弧燃烧区,并维持选定的弧长,在焊接小车的带

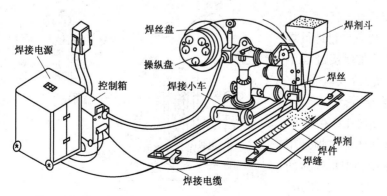

图 9-20 埋弧自动焊示意图

动下,以一定的速度移动完成焊接。

埋弧自动焊的优点是:允许采用较大的焊接电流提高生产率,焊缝保护好,焊接质量高,能节省材料和电能,无熔化金属溅射和弧光四射现象,劳动条件好,容易实现焊接自动化和机械化。缺点是焊接时电弧不可见,不能及时发现问题,接头的加工与装配要求较高,设备投资较大,焊前准备时间较长。

埋弧焊主要用于焊接非合金钢、低合金高强度钢,也可用于焊接不锈钢及紫铜等。埋弧焊适合于大批量焊接较厚的大型结构件的直线焊缝和大直径环形焊缝。

二、气体保护电弧焊

气体保护电弧焊简称气体保护焊或气电焊。它是利用外加气体作为电弧介质并保护电弧和焊接区的电弧焊,简称气体保护焊。根据所用保护气体的不同,气体保护焊可分为:氩弧焊、二氧化碳气体保护焊、氦弧焊等。

(一)氩弧焊

氩弧焊是以氩气作为保护气体的气体保护焊。按所用电极的不同,氩弧焊分为非熔化极(钨极)氩弧焊和熔化极氩弧焊两种,如图 9-21 所示。

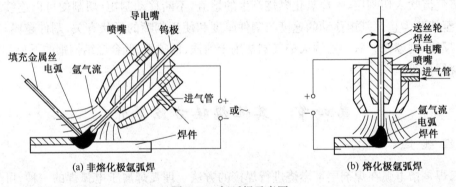

(a) 非熔化极氩弧焊   (b) 熔化极氩弧焊

图 9-21　氩弧焊示意图

氩弧焊是一种明弧焊,便于观察,操作灵活,适宜于各种位置的焊接,焊后无熔渣,易实现焊接自动化。焊缝表面成形好,具有较好的力学性能,焊接电弧燃烧稳定,飞溅较小,可焊接 1 mm 以下薄板及某些异种金属,但氩弧焊所用设备及控制系统比较复杂,维修困难,氩气价格较贵,焊接成本高。

氩弧焊应用范围广泛,几乎可以对所有金属材料进行焊接,通常多用于在焊接过程中易氧化的铝、镁、钛及其合金、不锈钢、耐热合金等。

(二)二氧化碳气体保护焊

二氧化碳气体保护焊是用二氧化碳气体作为保护气体的气体保护焊,如图 9-22 所示。焊接时焊丝作为电极连续送

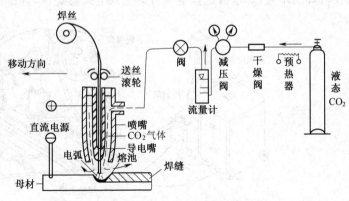

图 9-22　二氧化碳气体保护焊示意图

进,二氧化碳气体从喷嘴中以一定流量喷出,电弧引燃后,电弧与熔池被二氧化碳气体包围,防止了空气对焊缝金属的有害作用。但二氧化碳是氧化性气体,在高温下能使钢中的合金元素产生烧损。所以,必须选择具有脱氧能力的合金钢焊丝,如 H08MnSi 等。

二氧化碳气体保护焊的特点是:二氧化碳气体来源广,价格低,二氧化碳气体保护焊的成本约为埋弧焊的 40%~50%;电弧的穿透能力强,熔池深;焊接速度快,生产率比焊条电弧焊高 2~4 倍;热影响区小,焊件变形小,焊缝质量高。但二氧化碳气体保护焊的焊接设备较为复杂,要求采用直流电源;焊接时弧光较强,飞溅较大;焊缝表面不平滑,室外焊接时常受风的影响。二氧化碳气体保护焊主要用于焊接低碳钢和低合金钢薄板。

三、等离子弧焊

等离子弧焊接是借助水冷喷嘴对电弧的拘束作用,获得较高能量密度的等离子弧进行焊接的方法。当等离子电弧经过水冷却喷嘴孔道时,会产生三个收缩:一是受到喷嘴细孔的机械压缩;二是弧柱周围的高速冷却气流使电弧产生热收缩;三是弧柱的带电粒子流在自身磁场作用下,产生相互吸引力,使电弧产生磁收缩,如图 9-23 所示。

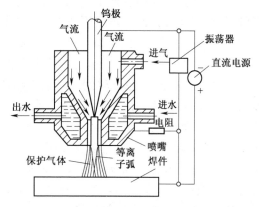

等离子弧焊接的特点是:等离子弧能量易于控制,弧柱温度高(可达 15 700℃以上),穿透能力强,焊接质量高,生产率高,焊缝深宽比较大,热影响区小。但其焊矩结构复杂,对控制系统要求较高,焊接区可见度较差,焊接最大厚度受到限制。

等离子弧焊接可以焊接绝大部分金属,但由于其焊接成本较高,故主要焊接某些焊接性差的金属材料和精细工件等,如常用于焊接不锈钢、耐热钢、高强度钢、难熔金属材料及钛合金等。

图 9-23 等离子弧发生装置示意图

此外,等离子弧焊接还可以焊接厚度为 0.025~2.5 mm 的箔材及板材,也可进行等离子切割。

四、电阻焊(接触焊)

电阻焊是工件组合后通过电极施加压力,利用电流流过接头的接触面及邻近区域产生的电阻热进行焊接的方法,生产中电阻焊根据接头的形式不同可分为:点焊、缝焊和对焊三种,如

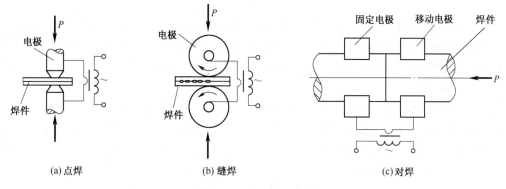

(a)点焊   (b)缝焊   (c)对焊

图 9-24 电阻焊示意图

图 9-24 所示。

　　电阻焊的特点是：生产率较高，成本较低，劳动条件好，工件变形小，易实现机械化与自动化，由于焊接过程极快，因而电阻焊设备需要相当大的电功率和机械功率。

　　电阻焊主要用于焊接低碳钢、不锈钢、铝及铜等金属材料。其中点焊主要用于焊接厚度在 4 mm 以下的薄板，广泛应用于汽车车厢、飞机外壳、仪表等轻型结构件的制造中；缝焊主要用于焊接厚度在 3 mm 以下的薄板，广泛应用于焊接油箱、烟道等；对焊主要用于焊接较大截面（直径或边长小于 20 mm）焊件与不同种类的金属材料对接，广泛应用于焊接刀具、管件、钢筋、钢轨、链条等。

五、电渣焊

　　电渣焊是利用电流通过液态熔渣所产生的电阻热而进行焊接的方法，如图 9-25 所示。电渣焊分为丝极电渣焊、熔嘴电渣焊和板极电渣焊三种。

　　电渣焊时，焊缝一般处于垂直位置，当需要倾斜时，焊缝最大倾斜角度不超过 30°。装配间隙（焊缝宽度）一般为 25～38 mm，而且是上大下小，一般差 3～6 mm，焊件不需开坡口。焊缝金属在液态停留时间长，且焊缝轴线与浮力方向一致，因此，不易产生气孔及夹渣等缺陷。焊缝及其附近区域冷却速度缓慢，对于难焊接钢材，不易出现淬硬组织和冷裂倾向，故焊接低合金高强度钢及中碳钢时，通常不需预热。但焊接热影响区在高温停留时间长，易产生晶粒粗大和过热组织。焊缝

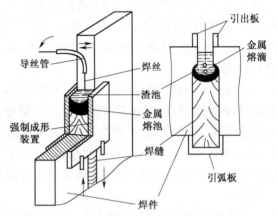

图 9-25　丝极电渣焊示意图

金属呈铸态组织，焊接接头冲击韧性较低，一般焊后需要正火或回火，以改善接头的组织与力学性能。

　　电渣焊生产效率高，劳动卫生条件好，特别适合于焊接板材厚度在 40 mm 以上的结构件，主要用于厚壁压力容器纵缝的焊接。适合于电渣焊的金属材料有：非合金钢、耐热钢、不锈钢、铝及铝合金等。

六、钎　焊

　　钎焊与熔化焊相比，焊件加热温度低、组织和力学性能变化较小，接头光滑平整；某些钎焊可以一次焊接多个工件和多个接头，生产率高；钎焊可以连接异种材料。但钎焊接头强度较低，工作温度不能太高。根据钎料熔点的不同，钎焊可分为硬钎焊和软钎焊两种。

　　（一）硬钎焊

　　钎料熔点在 450℃ 以上的钎焊称为硬钎焊。硬钎焊的焊接强度大约为 200～500 MPa。属于硬钎焊的钎料有铜基、铝基、银基、镍基钎料等，其中铜基为常用钎料。焊接时需要加钎剂，常用钎剂由硼砂、硼酸、氯化物、氟化物等组成。硬钎焊的加热方式有氧—乙炔火焰加热、电阻加热、炉内加热等，硬钎焊适合于焊接受力较大的钢铁件、铜合金件及工具的焊接。

（二）软 钎 焊

钎料熔点在 450℃ 以下的钎焊称为软钎焊。软钎焊的焊接强度一般不超过 140 MPa。属于软钎焊的钎料有锡铅钎料、锡银钎料、铅基钎料、镉基钎料等,其中锡铅为常用钎料。所用钎剂为松香、酒精溶液、氯化锌或氯化锌加氯化氨水溶液。钎焊时可用电烙铁、喷灯或炉子加热焊件。软钎焊常用于焊接受力不大的电子线路及元器件。

第五节　常用金属材料的焊接

一、金属材料的焊接性

焊接性是金属材料在限定的施工条件下焊接成规定设计要求的构件,并满足预定服役要求的能力。它包括两方面内容,其一是使用性能:指焊接接头在使用过程的可靠性,包括力学性能及耐腐蚀性、耐热性等;其二是工艺性能:指在一定工艺条件下焊接时,焊接接头产生工艺缺陷的敏感程度,尤其是出现裂纹的可能性。

金属材料的焊接性主要受金属材料化学成分、焊接方法、构件类型及使用要求四个因素影响

对于非合金钢及低合金钢,常用碳当量来评定它的焊接性,所谓碳当量是指把钢中的合金元素(包括碳)含量按其作用换算成碳的相当含量的总和。国际焊接学会推荐的碳当量 C_E 的计算公式如下:

$$C_E = w(C) + w(Mn)/6 + [w(Cr) + w(Mo) + w(V)]/5 + [w(Ni) + w(Cu)]/15$$

在计算碳当量时,各元素的质量分数都取化学成分范围的上限。

根据一般经验,当钢的碳当量 $C_E < 0.4\%$ 时,淬硬倾向小,焊接性良好,焊接时不需预热;当钢的碳当量 $C_E = 0.4\% \sim 0.6\%$ 时,淬硬倾向较大,焊接性较差,焊接时一般需要预热;当钢的碳当量 $C_E > 0.6\%$ 时,淬硬倾向严重,焊接性差,焊接时需要较高的预热温度和采取严格的工艺措施。

二、金属材料焊接接头组织与性能

金属材料焊接接头包括焊缝、熔合区和热影响区三部分,如图 9-26 所示。焊缝是焊件经焊接后所形成的结合部分。熔合区是焊缝与母材交接的过渡区,即熔合线处微观显示的母材半熔化区。焊接热影响区是焊接或切割过程中金属材料因受热的影响(但未熔化)而发生金相组织和力学性能变化的区域。

1. 焊缝

焊缝组织是由熔池金属结晶后得到的铸态组织。熔池中金属的结晶一般从液固交界的熔合线上开始,晶核从熔合线向两侧和熔池中心长大。由于晶核向熔合线两侧生长受到相邻晶体的阻挡,所以,晶核主要向熔池中心长大,这样就使焊缝金属获得柱状晶粒组织。由于熔池较小,熔池中的液态

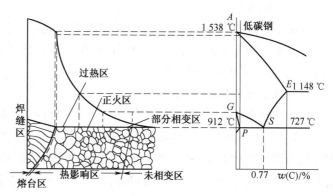

图 9-26　低碳钢熔焊接头组织示意图

冷却较快,所以,柱状晶粒并不粗大。焊件通过焊缝实现连接,由于焊条中含有合金元素,因此,可以保证焊缝金属的力学性能与母材相近。

2. 熔合区

熔合区在焊接过程中始终处于半熔化状态,该区域晶粒粗大,塑性和韧性很差,化学成分不均匀,容易产生裂纹,是焊接接头组织中,力学性能最差的区域。熔合区的宽度仅有 0.1～0.4 mm,但对焊接接头的性能影响很大。

3. 热影响区

在热影响区由于温度分布不均匀,可以将低碳钢熔焊接头的热影响区分为过热区、正火区和部分相变区,如图 9-26 所示。

(1)过热区。过热区是指热影响区中,热影响温度接近于 AE 线,冷却后具有过热组织或晶粒显著粗大的区域。过热区的塑性和韧性最差,容易产生焊接裂纹,是焊接接头组织中最薄弱的区域。

(2)正火区。正火区是指热影响区中,热影响温度接近于 A_{c3} 线,具有正火组织的区域。该区域的组织冷却后获得细小均匀的铁素体和珠光体组织。正火区组织的性能较好,优于母材,是焊接接头组织中性能最好的区域。

(3)部分相变区。部分相变区是指热影响区中,热影响温度处于 A_{c1}～A_{c3} 线之间,是部分组织发生相变的区域。该区域的组织冷却后得到细小铁素体和珠光体组织,但组织不均匀,力学性能较差。

三、常用金属材料的焊接

(一)非合金钢的焊接

1. 低碳钢的焊接

低碳钢碳的质量分数小于 0.25%,塑性好,一般没有淬硬与冷裂倾向,其焊接性良好。焊接过程中不需要采用特殊的工艺措施,就能获得优良的焊接接头。只有在焊接厚度大的大型结构件,或在 0℃以下低温环境焊接时,需要焊前考虑预热。对重要的结构件,焊后常进行去应力退火或正火。

2. 中碳钢的焊接

中碳钢碳的质量分数介于 0.25%～0.60% 之间,焊接接头易产生淬硬组织和发生冷裂纹,焊接性较差。因此,进行焊条电弧焊时,焊前应预热,焊后要缓慢冷却。

3. 高碳钢的焊接

高碳钢碳的质量分数大于 0.60%,焊接接头更易产生淬硬组织和发生冷裂纹,焊接性最差。这类钢一般不用来制作焊接结构件,仅仅是采用焊条电弧焊或气焊等方法进行修补。焊前应预热,焊后要缓慢冷却。

(二)低合金钢的焊接

对于低合金钢,如果其屈服点等级在 400 MPa 以下,碳当量 $C_E < 0.4\%$ 时,其焊接性优良,焊接过程中不需要采用特殊的工艺措施。但在焊件刚度和厚度较大,或在低温下焊接时,需要适当增大焊接电流、减慢焊接速度及焊前需预热;如果屈服点等级在 400 MPa 以上,碳当量 $C_E > 0.4\%$ 时,淬硬倾向较大,其焊接性较差,一般焊前需预热,焊后还要及时进行热处理,以消除焊接应力。

（三）不锈钢的焊接

不锈钢中应用最多是奥氏体不锈钢，如 1Cr18Ni9 钢，这类钢焊接性良好，焊接过程中不需要采用特殊的工艺措施，常用焊条电弧焊和氩弧焊进行焊接，也可用埋弧自动焊进行焊接。焊条电弧焊时，选用与母材化学成分相同的焊条；氩弧焊和埋弧自动焊时，选用的焊丝应保证焊缝化学成分与母材相同。

马氏体不锈钢焊接性较差，焊接接头易出现冷裂纹和淬硬倾向。一般焊前需预热，焊后还要及时进行热处理，以消除焊接应力。

铁素体不锈钢焊接时，过热区晶粒容易长大，引起脆化和裂纹。通常在 150℃ 以下预热，减少高温停留时间，减少晶粒长大倾向。

（四）铸铁的补焊

铸铁的焊接性较差，焊接时焊缝金属的碳和硅等元素烧损较多，易产生白口组织及裂纹。因此，补焊时必须采用严格的措施，一般是焊前预热焊后缓冷，以及通过调整焊缝化学成分等方法来防止白口组织及裂纹的产生。补焊方法有热焊和冷焊两钟。一般采用焊条电弧焊和气焊进行补焊，焊条选用铸铁焊条。

（五）铜及铜合金的焊接

铜及铜合金的焊接性一般较差，同时由于铜的导热系数大，焊接时母材和填充金属较难熔合，容易产生热裂纹和气孔。因此，必须采用大功率热源，必要时还要采取预热措施。焊接生产中，一般用不同的焊接方法来焊接不同的铜材料，这样可以改善铜及铜合金的焊接性，目前常用氩弧焊焊接紫铜、黄铜、青铜及白铜；黄铜还可采用气焊。另外，还可以采用钎焊及等离子弧焊等方法进行焊接。

（六）铝及铝合金的焊接

铝及铝合金的焊接一般较为困难，因为铝容易生成熔点（2 025℃）很高的氧化铝薄膜，其密度比纯铝大 1.4 倍，而且容易吸收水分，阻碍金属熔合，容易使焊缝形成气孔、夹渣等缺陷。铝的导热性好，焊缝冷却较快，液态时溶解氢的能力强，在氢气来不及逸出时易使焊件产生气孔。此外，铝及铝合金从固态转变为液态时，无明显的颜色变化，使操作者难以掌握加热温度。

针对上述焊接特点，焊接生产中一般采用不同焊接方法来焊接不同的铝或铝合金。目前最常用的焊接方法是氩弧焊、电阻焊、钎焊和气焊。另外，等离子弧焊及电子束焊也适宜于焊接铝合金。

思　考　题

一、名词解释

1. 焊接；2. 熔焊；3. 压焊；4. 钎焊；5. 焊接性；6. 焊条电弧焊；7. 气焊；8. 气体保护焊；9. 等离子弧焊；10. 电阻焊。

二、填　空　题

1. 焊接电弧由_____、_____、_____三部分组成。

2. 焊件接_____极，焊条接_____极的接法称为正接法。

3. 生产中按焊接电流种类的不同，电焊机可以分为_____机和_____机两大类。

4.电焊条由_____和_____组成。

5.焊缝的空间位置有_____、_____、_____、_____。

6.焊接接头的基本形式有_____、_____、_____、_____。

7.气焊的主要设备有_____、_____、_____、_____、_____。

8.气焊火焰分为_____、_____、_____。

9.金属材料焊接接头包括_____、_____和_____三部分。

三、选 择 题

1.下列焊接方法中属于熔焊的有_____。

　A 摩擦焊　　　　　B.电阻焊　　　　　C.激光焊　　　　　D.高频焊

2.焊接电弧中阴极区的温度大约是_____,阳极区的温度大约是_____,弧柱区的温度大约是_____。

　A.2 400 K 左右　　B.2 600 K 左右　　C.6 000～8 000 K

3.焊接一般结构件时用_____,焊接重要结构件时用_____,当焊缝处有铁锈、油脂等物时用_____,要求焊缝抗裂性能高时用_____。

　A.酸性焊条　　　　B.碱性焊条

4.气焊低碳钢时应选用_____,气焊黄铜时应选用_____,气焊铸铁时应选用_____。

　A.中性焰　　　　　B.氧化焰　　　　　C.碳化焰

5.下列金属材料中焊接性好的是_____,焊接性差的是_____。

　A.低碳钢　　　　　B.铸铁

四、判 断 题

1.凡是焊接时在接头处施压的焊接就是压焊。(　　)

2.焊条电弧焊是非熔化极电弧焊。(　　)

3.电焊钳的作用就是夹持焊条。(　　)

4.选用焊条直径越大时,焊接电流也应越大。(　　)

5.镍及镍合金焊条只能用于焊接用镍或镍合金制造的结构件。(　　)

6.在焊接的四种空间位置中,横焊是最容易操作的。(　　)

7.所有的金属都适合于进行氧—乙炔火焰切割。(　　)

8.钎焊时的温度都在450℃以下。(　　)

五、简 答 题

1.熔焊、压焊、钎焊有何区别?

2.焊条的焊芯与药皮各起什么作用?

3.用氧—乙炔切割金属的条件是什么?

4.钢的碳当量大小对钢的焊接性有何影响?

5.用直径20 mm的低碳钢制作圆环链,少量生产和大批量生产时各采用什么焊接方法?

六、课外调研

深入社会仔细观察,分析焊接技术在机械制造及工程建设方面的应用与发展。

第十章
金属切削加工基础

金属切削加工是指利用切削工具从工件上切除多余金属材料,获得符合预定技术要求的零件或半成品的加工方法。金属切削加工是在常温下进行的,其主要形式有:车削、钻削、刨削、铣削、磨削、齿轮加工以及钳工等。习惯上常说的切削加工往往是指机械加工。

在国民经济的各个领域中,使用着大量的机械设备,而组成这些机械设备不可拆分的最小单元称为机械零件。由于现代机械设备的精度和性能要求较高,所以,对组成机械设备的大部分机械零件的加工质量也提出了较高的要求,不仅有尺寸和形状的要求,而且还有表面粗糙度的要求。为了满足这些要求,除了少部分零件是采用精密铸造或精密锻造方法直接获得外,大部分机械零件都要部分或全部地依靠切削加工方法获得。统计表明:在机械制造行业,切削加工所担负的工作量占机械制造总工作量的40%~60%。由此可看出,切削加工在国民经济中具有重要地位。切削加工之所以能够得到广泛的应用,是因为与其它成形加工方法相比,具有如下优点:

(1)金属切削加工可获得相当高的尺寸精度和较小的表面粗糙度参数值。例如,外圆磨削精度可达IT5~IT7级,粗糙度R_a0.2~0.8 μm;镜面磨削的表面粗糙度甚至可达0.006 μm。而最精密的压力铸造只能达到IT9~IT10,粗糙度R_a3.2~6.3 μm。

(2)切削加工几乎不受零件材料、尺寸和质量的限制。目前,尚未发现不能进行切削加工的金属材料。切削加工可以加工尺寸小至不到0.1 mm,大至二十多米,质量可达数百吨的零件。目前世界上最大的立式车床可加工直径26 m的工件,而且可获得相当高的尺寸精度和较小的表面粗糙度。

第一节 切削加工运动分析及切削要素

切削加工过程中机床的运动和切削用量的合理选择是切削加工中最常遇到的两个基本问题,对于初学者了解机床的基本运动过程和切削用量的合理选择是非常重要的。

一、切削运动

切削过程中,切削刀具与工件间的相对运动,就是切削运动。它是直接形成工件表面轮廓的运动,如图10-1所示。切削运动包括主运动和进给运动两个基本运动。

1.主运动

主运动是由机床或人力提供的主要运动,它促使切削刀具和工件之间产生相对运动,从而使切削刀具前面接近工件。主运动是直接进行切削所需的基本运动。它在切削运动中形成机床切削速度,也是消耗功率最大的运动。任何切削过程必须有一个,也只有一个主运动,图

10-1(a)所示工件的旋转运动即为主运动。机床主运动的速度可达每分钟数百米至数千米,个别情况下速度比较低,如刨削、拉削等。主运动可以是旋转运动,也可以是直线运动。多数机床的主运动为旋转运动,如车削、钻削、铣削、磨削中的主运动均为旋转运动。

2.进给运动

进给运动是由机床或人力提供的运动,它使刀具与工件之间产生附加的相对运动,加上主运动,即可不断地或连续地切屑,并获得具有所需几何特性的已加工表面。图 10-1(a)中车刀的轴向移动即为进给运动。进给运动的速度一般远小于主运动速度,而且消耗的功率也较少。切削过程中进给运动可能有一个,也可能有若干个。进给运动形式有平移的(直线)、旋转的(圆周)、连续的(曲线)及间歇的。直线进给又有纵向、横向、斜向三种。

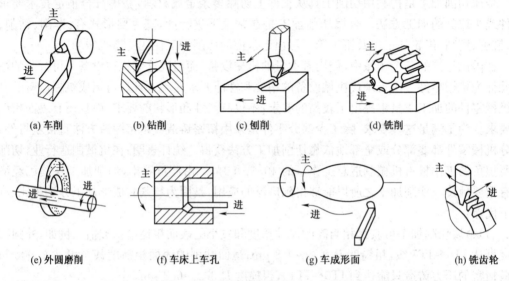

(a) 车削　　(b) 钻削　　(c) 刨削　　(d) 铣削

(e) 外圆磨削　　(f) 车床上车孔　　(g) 车成形面　　(h) 铣齿轮

图 10-1　切削运动与进给运动示意图

主运动和进给运动可以由刀具、工件分别来完成,也可以是由刀具单独完成主运动和进给运动。

二、切削用量

切削用量是指切削加工过程中的切削速度、进给量和背吃刀量的总称。要完成切削过程,切削速度、进给量和背吃刀量三者缺一不可,故它们又称为切削用量三要素。以车削为例,在每次切削中,工件上形成三个表面,如图 10-2 所示。

(1)待加工表面。它是工件上有待切除的表面;

(2)已加工表面。它是工件上经刀具切削后产生的表面;

(3)过渡表面。它是工件上由切削刃形成的那部分表面,是待加工表面和已加工表面之间的过渡表面。

1.切削速度 v_c

在进行切削加工时,刀具切削刃上的某一点相对于待加工表面在主运动方向上的瞬时速度,称为切削速度,其单位为 m/s。当主运动是旋转运动时,切削速度是指圆周运动的线速度,即

$$v_c = \pi D n / (60 \times 1\,000)$$

式中　D——工件或刀具在切削表面上的最大回转直径,mm;

　　　n——主运动的转速,r/min。

当主运动为往复直线运动时,则其平均切削速度为

$$v_c = 2L_m n_r/(60 \times 1\,000)$$

式中　L_m——刀具或工件往复直线运动的行程长度,mm;

　　　n_r——主运动每分钟的往复次数,亦即行程数,str/min。

2.进给量 f

进给量是指主运动的一个循环内(一转或一次往复行程)刀具在进给方向上相对工件的位移量。例如,车削时,进给量 f 是工件旋转一周,车刀沿进给方向移动的距离(mm/r)。

3.背吃刀量 a_p

背吃刀量一般是指工件已加工表面与待加工表面间的垂直距离,也称切削深度,单位为 mm。车外圆时的背吃刀量如图 10-2 所示。

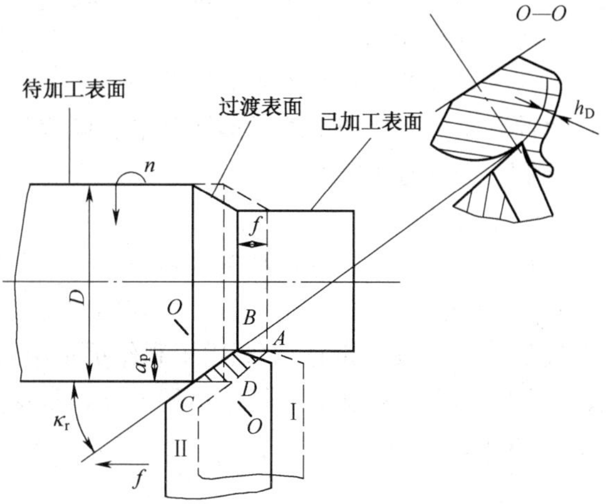

$$a_p = (D-d)/2$$

式中　D——待加工表面直径,mm;

　　　d——已加工表面直径,mm。

切削用量三要素是调整机床运动的主要依据。

图 10-2　切削要素

第二节　切　削　刀　具

切削刀具(简称刀具)是完成切削加工过程必不可少的物质条件之一,它直接承担切削工件的重任。要保证工件加工质量,提高切削效率,降低切削加工费用,正确选择切削刀具几乎与正确选择机床同等重要。对于切削刀具来说,切削刀具材料与切削刀具的几何角度是两个最重要的因素。

一、切削刀具材料

切削刀具种类很多,无论哪种切削刀具,一般都是由刀柄与刀头两部分组成。刀柄用于夹持切削刀具,在机床上刀头直接担负切削任务,所以,刀头又称为切削部分。切削加工用的刀具由于切削速度高,切削力大,因此,刀头材料必须具备某些特殊性能,因而必须用特殊材料制作。作为切削刀具的刀柄部分一般只要求具有足够的强度和刚度,一般普通钢材即可满足这些要求。通常将刀头用焊接(钎焊)或用机械夹固的方法固定在刀柄上,以降低切削刀具的制造成本。但也有因工艺上的原因采用同一种材料制成整体式切削刀具。通常所说的切削刀具材料实际上是指刀头部分。

(一)切削刀具材料应具备的基本性能

切削加工过程中由于刀头部分受到高温、高压和强烈摩擦作用,因此,切削刀具材料必须具备下列基本性能:

(1)高硬度和高耐磨性。切削刀具材料的硬度一般必须大于被切削材料的硬度,常温下一般要求 60~65 HRC,满足足够的切削工作时间。

(2)高热硬性。指切削刀具在高温下保持其高硬度和高耐磨性的能力。

(3)较好的化学稳定性。指切削刀具在切削过程中不发生粘结磨损及高温扩散磨损的能力。

(4)足够的强度和韧性。指切削刀具材料承受冲击和振动而不破坏的能力。

除上述基本性能外,切削刀具材料还应该具备良好的热塑性、磨削加工性、焊接性、热处理工艺性等,以便于制造。

(二)常用刀具材料的种类及选用

目前用于生产上的切削刀具材料主要有:碳素工具钢、合金工具钢、高速钢、硬质合金、陶瓷、金刚石、立方氮化硼。

1.碳素工具钢

碳素工具钢淬火后有较高的硬度(60~65 HRC 或 81~84 HRA),容易磨得锋利,价格低,但它的热硬性差,在 200~250℃工作时硬度开始明显下降。所以,碳素工具钢允许的切削速度较低(v_c<10 m/min),主要用于制作手工用切削刀具及低速切削刀具,如手工用铰刀、丝锥、板牙等,不宜用来制造形状复杂的刀具。常用的碳素工具钢有 T10 钢或 T10A 钢、T12 钢或 12A 钢等。

2.合金工具钢

合金工具钢的热硬性温度约为 300~350℃,硬度高(60~65 HRC 或 81~84 HRA),允许的切削速度比碳素工具钢高 10%~14%,多用来制造形状比较复杂,要求淬火后变形小的切削刀具,如冷剪切刀、板牙、丝锥、铰刀、搓丝板、拉刀等。常用的合金工具钢有 9SiCr 钢、CrWMn 钢、Cr12MoVA 钢等。

3.高速钢

高速钢热硬性温度可达 550~650℃,硬度高(63~70 HRC 或 83~86 HRA),适用于制作切削速度较高的精加工切削刀具和各种复杂形状的切削刀具,如车刀、铣刀、麻花钻头、齿轮刀具、拉刀、铰刀、宽刃精刨刀等。常用高速钢有 W18Cr4V 钢和 W6Mo5Cr4V2 钢。

4.硬质合金

硬质合金热硬性温度高达 800~1 000℃,具有很高的硬度(89~93 HRA),允许的切削速度约为高速钢的 4~10 倍。但硬质合金韧性较差,怕振动和冲击,成形加工较难。主要用于高速切削和要求耐磨性很高的切削刀具,如车刀、铣刀等。

由于切削刀具材料对提高切削速度,解决难加工材料的切削问题起着决定性的作用,同时对提高切削加工精度也是十分关键的因素,所以,世界各国都对切削刀具材料进行研究与开发,来满足更高的切削工艺要求。

二、切削刀具的角度

为了保证切削顺利进行,切削刀具的切削部分(刀头)必须具有合理的几何形状,即组成刀具切削部分的各表面之间应有正确的相对位置,这种位置是靠刀具角度来保证的。

虽然切削刀具种类繁多,尺寸和几何形状的差别也较大,但切削刀具的几何角度却有共同之处,其中以车刀最具有代表性,它是最简单也是最常用的切削刀具,其他刀具都可看作是车刀的演变和组合。因此,认识了车刀的结构,也就初步了解了切削刀具的共性。

（一）车刀切削部分的组成

如图 10-3 所示，最常用的外圆车刀切削部分由三个刀面、两个切削刃和一个刀尖组成，简称三面、两刃、一尖。

（1）前面。切削刀具上切屑流过的表面称为前面。切削刀具前面可以是平面，也可以是曲面，目的是使切屑顺利流出。

（2）后面。与工件上切削中产生的过渡表面相对的表面，称为后面，又称后刀面。它倾斜一定角度以减小与工件表面的摩擦。

（3）副后面。切削刀具上同前面相交形成副切削刃的后面称为副后面。它倾斜一定角度以免擦伤已加工表面。

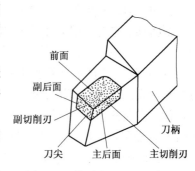

图 10-3　外圆车刀组成示意图

（4）主切削刃。前面与后面的交线称为主切削刃。它担负主要的切削任务。

（5）副切削刃。前面与副后面的交线称为副切削刃。即切削刃上除主切削刃外的刀刃，仅担负少量切削任务。

（6）刀尖。主切削刃与副切削刃的连接处相当少的一部分切削刃，称为刀尖。刀尖并非绝对尖锐，一般呈圆弧状，以保证刀尖有足够的强度和耐磨性。

（二）车刀切削部分的几何参数

1. 辅助平面

为了确定车刀各刀面及切削刃的空间位置，必须选定一些坐标平面和测量平面作为基准，二者统称为辅助平面。

（1）基面。过切削刃选定点的平面，它平行（或垂直）于刀具在制造、刃磨及测量时适合于安装或定位的一个平面（或轴线），称为基面。一般来说，基面的方位垂直于假定的主运动方向。

（2）切削平面。通过切削刃选定点与切削刃相切并垂直于基面的平面，称为切削平面。过切削刃上任一点的切削平面与基面互相垂直，如图 10-4 所示。

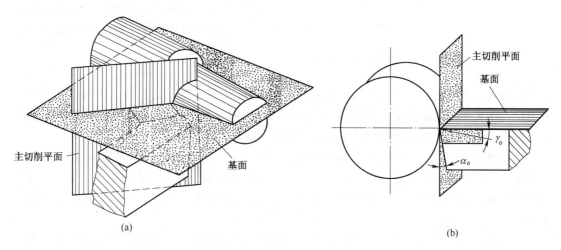

(a)　　　　　　　　　　　　　　(b)

图 10-4　基面与切削平面的空间位置

(3)正交平面。通过切削刃选定点并同时垂直于基面和切削平面的平面称为正交平面。

车刀的基面、切削平面、正交平面在空间是相互垂直的,如图 10-5 所示。

2.切削刀具角度的基本定义

普通外圆车刀一般有十大角度,如图 10-6 所示。

(1)前角 γ_0。在正交平面中测量的由前面与基面构成的夹角,称为前角。它表示前面的倾斜程度。前角有正、负和零之分,增大前角,切削刀具锋利,切削轻快,如果前角太大,则切削刀具强度降低。硬质合金车刀的前角一般为 $-5°\sim+25°$。当工件材料硬度较低、塑性较好及精加工时,前角取较大值,反之,前角取较小值。

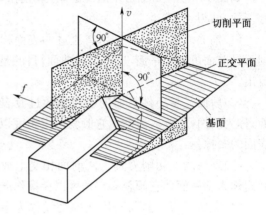

图 10-5　基面、切削平面和正交平面的空间关系

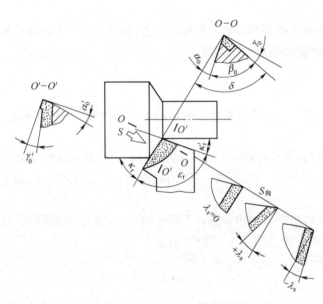

图 10-6　外圆车刀的十个角度

(2)后角 α_0。在正交平面中测量的后面与切削平面构成的夹角,称为后角。它表示后面的倾斜程度。后角增大,可减小切削刀具后面与工件的之间的摩擦,如果后角太大,则刀刃强度降低。粗加工时,后角一般取 $6°\sim8°$;精加工时,后角一般取 $10°\sim12°$。

(3)副后角 α_0'。在正交平面中测量的由副后面与副切削平面之间构成的夹角,称为副后角。它表示副后面的倾斜程度。

以上三个角度表示车刀三个刀面的空间位置,都是两平面之间的夹角。

(4)主偏角 κ_r。在基面中测量,由主切削刃在基面上的投影与进给方向之间的夹角,称为主偏角。它表示主切削刃在基面上的方位。增大主偏角使进给力加大,有利于消除振动,但刀具磨损加大,散热条件变差。主偏角一般为 $45°\sim90°$,粗加工时取大值,精加工时取小值。

(5)副偏角 κ_r'。在基面中测量,副切削刃在基面上的投影与进给反方向之间的夹角,称为副偏角。它表示副切削刃在基面上的方位。增大副偏角可减小副切削刃与工件已加工表面之间的摩擦,改善散热条件,但工件表面粗糙度值增大。副偏角一般为 $5°\sim10°$,粗加工时取大值,精加工时取小值。

(6)刃倾角 λ_s。在切削平面内测量,由主切削刃与基面之间构成的夹角称为刃倾角。规定主切削刃上刀尖为最低时,λ_s 为负值;主切削刃与基面平行时,λ_s 为零;主切削刃上刀尖为最高点时,λ_s 为正值,如图 10-6 所示。刃倾角一般为 $-5°\sim+10°$,粗加工时取负值,精加工时取正值。

上述三个角度表示车刀两个切削刃在空间的位置。

以上 6 个角度为切削刀具的独立角度,此外还有 4 个派生角度:楔角 β_0、切削角 δ、刀尖角 ε_r、副前角 $\gamma_0{}'$。它们的大小完全取决于前 6 个角度。其中 $\gamma_0 + \alpha_0 + \beta_0 = 90°$;$\kappa_r + \kappa_r{}' + \varepsilon_r = 180°$。

第三节　金属切削过程中的物理现象

金属在切削过程中会伴随一系列物理现象,如积屑瘤、切削力、切削热、刀具磨损等。研究这些物理现象,对于保证切削质量,提高切削刀具使用寿命,降低生产成本,提高生产率,都有着重要意义。

一、切屑种类

切屑和已加工表面的形成过程,实质上是工件受到切削刀具刀刃和前面挤压以后,发生滑移变形,从而使工件切削层与母体分离的过程。

常见的切屑类型有粒状切屑、带状切屑和节状切屑三种,如图 10-7 所示。形成何种形式的切屑主要取决于工件材料的塑性大小、切削刀具前角大小和切削用量。切削脆性材料时易形成崩碎切屑,切削塑性材料或高速切削、切削刀具前角大时易形成带状切屑。一般情况下,形成带状切屑时产生的切削力和切削热都较小,而且切削平稳,工件表面粗糙度值小。切削刀具刃口不易损坏,所以,带状切屑是一种较为理想的切屑。但必须采取断屑措施,否则切屑连绵不断,会缠绕在工件和切削刀具上,严重地影响工作,甚至会造成人身事故。形成崩碎切屑时,切削力波动大,对工件表面粗糙度和提高切削刀具刃口强度均不利。加工脆性材料如铸铁、铸造黄铜等时,会形成崩碎切屑。其他情况则容易形成节状切屑。

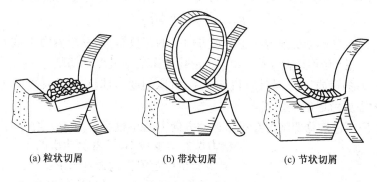

(a) 粒状切屑　　　　　　(b) 带状切屑　　　　　　(c) 节状切屑

图 10-7　切屑类型示意图

二、积 屑 瘤

在一定的切削速度范围内,当切削塑性材料时,经常发现在切削刀具刀尖附近的前面上牢固地粘附一小块很硬的金属,这就是积屑瘤,又称刀瘤,如图 10-8 所示。

积屑瘤的产生过程是这样的:当切屑与母体分离后,沿切削刀具的前面排出,这时切屑与切削刀具的前面之间产生高温高压作用,切削刃附近的底层金属与切削刀具前面产生很大的

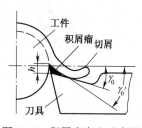

图 10-8　积屑瘤产生示意图

摩擦阻力,使得该层金属流动速度很低,此层称为滞流层。当滞流层金属与切削刀具前面的外摩擦阻力超过切屑本身的分子结合力时,有一部分金属发生剧烈变形而脱离切屑,停留在切削刀具前面上形成积屑瘤,随后切屑底层金属在开始形成的积屑瘤上逐层积累,积屑瘤也就随之长大。研究表明:切削刀具前面的温度在 200~600℃ 范围内才会产生积屑瘤,而且积屑瘤的高度、大小是变动的。

积屑瘤经过强烈的塑性变形,会产生加工硬化现象,硬度比工件硬度高 1.5~2.5 倍。积屑瘤与切削刀具前面粘结在一起,具有相对的稳定性。因此,可代替主切削刃进行切削,起到了保护刀具切削刃、减少刀具磨损的作用。同时从图 10-8 可以看出,积屑瘤又能使切削刀具的实际前角 γ_0 增大,因而可使切削力降低。但积屑瘤又是时生时灭、时大时小的,这样将使切削深度时深时浅。加上积屑瘤脱落时将有一部分被工件带走而镶嵌在已加工表面上形成许多毛刺,所以,积屑瘤又会使已加工表面粗糙度值增大。总之,粗加工时可利用积屑瘤降低切削力,保护切削刃;精加工时为了提高工件的表面质量,则必须避免积屑瘤的产生。

采用高速切削(v_c>100 m/min,使切削刀具前面温度超过 600℃)或低速切削(v_c<5 m/min,使切削刀具前面温度低于 200℃)、增大切削刀具的前角、研磨刀具的前面、使用冷却润滑液等措施,均可以避免刀具产生积屑瘤。

三、总切削力

切削刀具在切削工件时,必须克服材料的变形抗力,克服切削刀具与工件、切削刀具与切屑之间的摩擦力,才能切下切屑。切削刀具总切削力是切削刀具上所有参予切削的各切削部分所产生的切削力的合力。

1. 总切削力

为了便于测量和研究,一般并不直接讨论总切削力 F,而是将它分解成三个相互垂直的分力 F_c(切削力)、F_f(进给力)、F_p(背向力),如图 10-9 所示。车削时总切削力的计算公式为

$$F=\sqrt{F_c^2+F_f^2+F_p^2}$$

(1)切削力 F_c。它是总切削力在主运动方向上的正投影,是三个分力中最大的,又称为主切削力。它大约占总切削力的 80%~90%。消耗机床功率最多。切削力 F_c 作用在切削刀具上,使刀片受压,刀柄弯曲。F_c 是计算机床功率、机床刚度,刀柄和刀片强度的主要依据,也是选择切削用量时需要考虑的主要因素。

(2)进给力 F_f。它是总切削力在进给运动方向上的正投影。由于进给方向速度小,因此,进给力做的功也很小,只占总功率的 1%~5%。进给力 F_f 是校验机床走刀机构强度的依据。

(3)背向力 F_p。它是总切削力在垂直于进给方向上

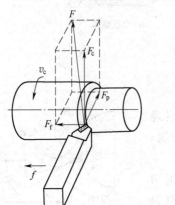

图 10-9 车削时总切削力的分解示意图

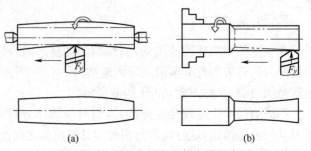

(a)   (b)

图 10-10 背向力引起工件变形示意图

的分力,是与切削深度方向平行的分力,作用在工件的半径方向。车内外圆和磨内外圆时背向力 F_p 不做功,但会引起工件轴线纵向弯曲变形,因而使轴与孔在长度方向切除的量不均匀,使轴与孔各处直径不相同而变成腰鼓形,如图 10-10(a)所示。另外,背向力 F_p 还容易引起工件振动,如图 10-10(b)所示。增大主偏角可以减小背向力 F_p。

2.影响总切削力的因素与减小总切削力的措施

(1)工件材料。材料的强度、硬度愈高,即变形抗力愈大,总切削力也愈大。

(2)切削用量。背吃刀量 a_p 和进给量 f 决定了切削面积的大小,当两者加大时,切削力明显增大。但 a_p 的影响比 f 大,a_p 增大一倍,总切削力增大一倍;进给量增大一倍,切削力增加 70%～80%。由此看来,减小背吃刀量 a_p 可有效地降低总切削力。但减小背吃刀量会使切削效率降低,所以,单纯地靠减小背吃刀量来减小总切削力并不是理想措施。从减小总切削力又不降低切削效率考虑,取较大的进给量和较小的背吃刀量是合理的。切削速度 v_c 对总切削力的影响较小。

(3)切削刀具几何角度。增大前角可有效地减小总切削力;增大主偏角 κ_r,F_f 增大,F_p 减小,有利于减少工件变形和振动。

(4)冷却润滑条件。充分的冷却润滑,可使总切削力减小 5%～20%。同时还有利于减少切削刀具与工件的切削热。实验证明:充分的冷却润滑可使切削区的平均温度降低 100～150℃左右。

四、切削热

切削过程中机床所消耗的功几乎全部转化为热量,所以,切削热的大小反映了切削过程中消耗功的大小,切削热的直接来源有两个:一是内摩擦热,二是外摩擦热。内摩擦热是由切削层金属的弹、塑性变形产生;外摩擦热是由切屑与切削刀具前面、过渡表面与切削刀具后面、已加工表面与刀具副后面之间的摩擦产生的。

切削热对切削刀具与被加工零件有如下一些影响:

(1)使切削刀具硬度降低,造成切削刀具很快磨损。

(2)造成工件温度过高,可能导致工件内部组织变化,影响工件的使用性能。

(3)使工件受热膨胀变形,影响测量精度及加工精度。

由此可见,减小切削热并降低切削温度是十分重要的。一般说来,所有能够减小总切削力的办法都可减少切削热,如合理选择切削用量,合理选择切削刀具材料和几何角度等。

五、切削刀具的磨损与切削刀具的耐用度

在切削过程中由于切削刀具前后刀面始终处于摩擦和切削热的作用下,因此,切削刀具发生磨损是必然的。切削刀具磨损形式主要有:后刀面磨损、前刀面磨损、前后两刀面同时磨损三种。一把新切削刀具使用几十分钟或十几小时就会变钝,因此,切削刀具必须重新刃磨,否则,将影响切削质量与切削效率。我们把切削刀具两次刃磨中间的实际切削时间称为切削刀具的耐用度,单位为 min。

影响切削刀具耐用度的因素很多,如切削刀具材料、刀具角度、切削用量和冷却润滑情况等,其中以切削速度影响最大。因此,生产上常常限定切削速度,以保证切削刀具的耐用度。

第四节　金属切削机床的分类及编号

金属切削机床简称为机床,是用切削刀具对工件进行切削加工的机器,它是机械制造的主要加工设备。

一、金属切削机床的分类

目前我国金属切削机床的分类方法主要是按加工性质和所用切削刀具进行分类的,共分为11大类。金属切削机床按其工作原理可划分为:车床、钻床、镗床、刨插床、铣床、磨床、拉床、齿轮加工机床、螺纹加工机床、锯床和其他机床。其中最基本的金属切削机床是:车床、铣床、钻床、刨床和磨床。

同一类金属切削机床中,按加工精度不同,可分为普通机床、精密机床和高精度机床三个等级;按使用范围可细分为通用机床和专用机床;按自动化程度可分为手动机床、机动机床、半自动机床和自动化机床;按尺寸和质量大小可分为一般机床和重型机床等。

二、金属切削机床型号的编制方法

金属切削机床的型号是用来表示机床的类别、主要参数和主要特征的代号。金属切削机床的型号由大写汉语拼音字母和阿拉伯数字组成。金属切削机床型号的表示方法包括:

1. 金属切削机床的类代号

如表10-1所示,机床型号的第一个字母表示机床的类,采用汉语拼音第一个大写字母,并按名称读音。

表 10-1　机床的类和分类代号

类	车床	钻床	镗床	磨　　床			齿轮加工机床	螺纹加工机床	铣床	刨插床	拉床	锯床	其他机床
代号	C	Z	T	M	2M	3M	Y	S	X	B	L	G	Q
读音	车	钻	镗	磨	二磨	三磨	牙	丝	铣	刨	拉	割	其

2. 金属切削机床的通用特性代号和结构特性代号

机床的通用特性代号和结构特性代号是在代表机床类的字母后面,加一个汉语拼音字母表示,见表10-2。例如,"CK"表示数控车床。

表 10-2　机床的通用特性代号

通用特性	高精度	精密	自动	半自动	数控	加工中心自动换刀	仿形	轻型	加重型	简式或经济型	柔性加工单元	数显	高速
代号	G	M	Z	B	K	H	F	Q	C	J	R	X	S
读音	高	密	自	半	控	换	仿	轻	重	简	柔	显	速

3. 金属切削机床的组、系代号

每类机床按其用途、性能、结构相近或有派生关系,分为10个组,每个组又分10个系列。

在机床型号中,跟在字母后面的两个数字分别表示机床的组和系。例如,CM6132 中的"6"表示落地及卧式车床组,"1"表示卧式车床系。

4.金属切削机床的主参数

机床的主参数表示机床规格的大小和工作能力。在机床型号中,表示机床组和系的两个数字后面的数字表示机床的主参数或主参数的折算值。

5.金属切削机床的重大改进

规格相同的机床,经改进设计,其性能和结构有了重大改进后,按改进设计的次序,分别用汉语拼音字母"A、B、C…"表示,并写在机床型号的末尾。例如,CQ6140B,表示工件最大回转直径为 400 mm 的经第二次重大改进的轻型卧式车床。

第五节　车床及车削加工

车床主要用于加工各种回转体表面。由于大多数机器零件都有回转体表面,所以,车床比其它类型的机床应用更加普遍,一般占机床总数的 40% 左右。目前车床种类有:卧式车床、立式车床、转塔车床、自动和半自动车床等,其中以卧式车床应用最广泛。

一、车床的功能和运动

车床的基本功能是加工外圆柱面,如各类轴、圆盘、套筒等。车削时工件旋转为主运动,车刀纵向移动和横向移动为进给运动。车削工作范围如图 10-11 所示。

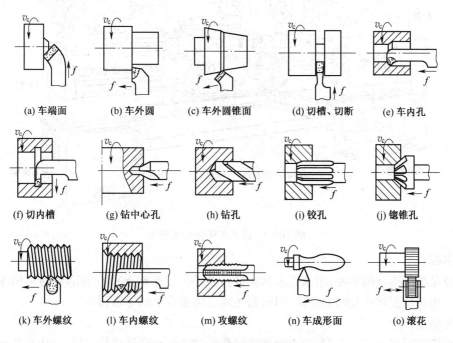

(a) 车端面　　(b) 车外圆　　(c) 车外圆锥面　　(d) 切槽、切断　　(e) 车内孔

(f) 切内槽　　(g) 钻中心孔　　(h) 钻孔　　(i) 铰孔　　(j) 镗锥孔

(k) 车外螺纹　　(l) 车内螺纹　　(m) 攻螺纹　　(n) 车成形面　　(o) 滚花

图 10-11　车削工作范围示意图

国际上商定的 9 种最主要车刀名称、形状和工作位置如图 10-12 所示。1 号切断刀适合于切口、切断工件;2 号、3 号右偏刀适合于加工外圆;4 号 90°右偏刀适于修正外圆和直角台阶;5号宽刃光刀适合于精加工外圆;6 号 90°端面车刀适于加工端面;7 号 90°右偏刀适合于加工外

圆和直角台阶;8号内孔车刀适合于加工透孔;9号内孔端面车刀适合于加工不透孔及其端面。

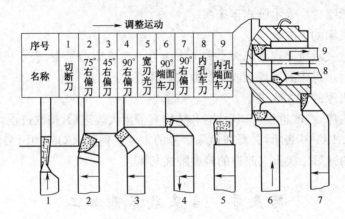

序号	1	2	3	4	5	6	7	8	9
名称	切断刀	75°右偏刀	45°右偏刀	90°右偏刀	宽刃光刀	90°端面车刀	90°右偏刀	内孔车刀	内孔端面车刀

图 10-12　9 种主要车刀名称、形状和工作位置示意图

二、车床的组成

图 10-13 所示为卧式车床外观示意图,主要由左右床腿、床身、主轴箱、进给箱、挂轮架、小滑板、中滑板、床鞍、溜板箱、光杠、丝杠、刀架和尾座等部分构成。

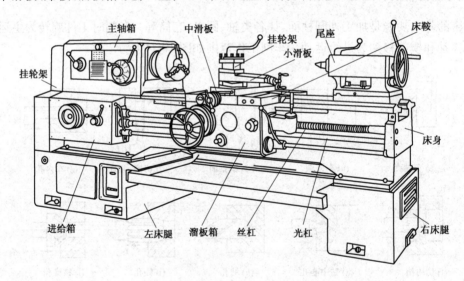

图 10-13　卧式车床外观示意图

1.床身

床身是车床的基础零件,用来支承和连接其他部件。车床上所有的部件均利用床身来获得准确的相对位置和相互间的位移,刀架和尾座可沿床身上的导轨移动。

2.主轴箱

主轴箱固定在床身的左端,箱内装有主轴部件和主运动变速机构,又称为床头箱或主变速箱。通过操纵外部手柄的位置,可以使主轴有不同的转速。主轴右端有外螺纹用以安装卡盘等附件,内表面是莫氏锥孔,用以安装顶尖,支持轴类零件。变速机构安装在主轴箱内,由电动机通过带传动,经主轴箱齿轮变速后,带动齿轮主轴转动。

3.进给箱

进给箱安装在床身的左前侧,是改变车刀进给量、传递进给运动的变速机构。改变进给箱外面手柄的位置,可以使光杠和丝杠得到不同的转速,再分别通过光杠和丝杠将运动传递给刀架。

4.刀架

刀架用来夹持车刀,并使其作纵向、横向或斜向移动。刀架安装在小滑板上,用来夹持车刀;小滑板装在转盘上,可沿转盘上导轨作短距离移动;转盘可带动刀架在中滑板上顺时针或逆时针转动一定的角度;中滑板可在床鞍(大拖板)的横向导轨上面作垂直于床身的横向移动;床鞍可沿床身的导轨作纵向移动。

5.尾座

尾座安装在床身导轨的右端,用来支承工件或装夹钻头、铰刀进行外圆及孔加工。尾座可根据工作需要沿床身导轨进行位置调节,进行横向移动,用来加工锥体等。

6.丝杠

丝杠用于车螺纹加工,将进给箱的运动传给溜板箱。

7.光杠

光杠用于一般的车削加工,进给时将进给箱的运动传给溜板箱。

8.溜板箱

溜板箱装在床鞍的下面,是纵、横向进给运动的分配机构。通过溜板箱将光杠或丝杠转动变为滑板的移动,溜板箱上装有各种操纵手柄及按钮,可以方便地选择纵横机动进给运动的接通、断开及变向。溜板箱内设有连锁装置,可以避免光杠和丝杠同时转动。

三、车床的传动系统

图 10-14 所示为 C6140 型卧式车床的传动系统图。C6140 型卧式车床的运动由两条路线传递:一路是主运动,另一路是进给运动。

1.主运动传动

主运动由电动机经过皮带传递到主轴箱内的Ⅰ轴的摩擦离合器上,再经Ⅱ、Ⅲ、Ⅳ、Ⅴ轴把动力传至主轴Ⅵ。通过不同的齿轮进行啮合可获得 24 种正转速和 12 种反转速度。

2.进给运动

进给运动是由主轴至刀架间的传动系统实现的。从主轴开始通过换向、挂轮架、进给箱和滑板箱的传动机构使刀架分别实现纵向进给、横向进给及车螺纹运动。

四、车床附件及工件安装

机床附件是指随机床一道供应的附加装置,如各种通用机床的夹具、靠模装置及分度头等。利用这些附件可以充分发挥机床的功能和加工效率,完成各种不同形状工件的加工。不同的机床有不同的附件,常用的卧式车床附件有卡盘、花盘、顶尖(死顶尖和活顶尖)、拨盘、鸡心夹头、中心架、跟刀架和心轴等。

1.卡盘

卡盘是应用最多的车床夹具,它是利用其背面法兰盘上的螺纹直接装在车床主轴上,卡盘分三爪自定心卡盘和四爪单动卡盘,如图 10-15 和图 10-16 所示。

三爪自定心卡盘的夹紧力较小,装夹工件方便、迅速,不需找正,具有较高的自动定心精度,特别适合于装夹轴类、盘类、套类等对称性工件,但不适合装夹形状不规则的工件。

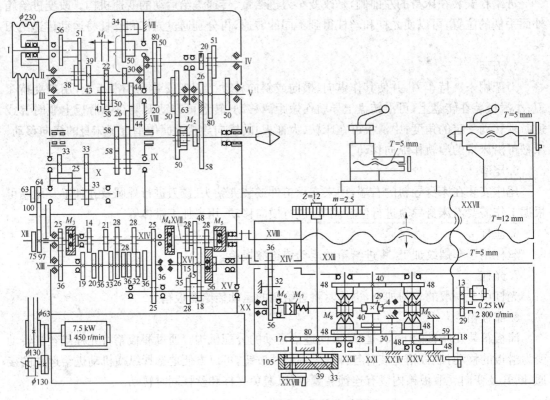

图 10-14　C6140 型卧式车床传动系统图

　　四爪单动卡盘夹紧力大,其卡爪可以单独调整,因此,特别适合于装夹形状不规则的工件。但装夹工件较慢,需要找正,而且找正的精度主要取决于操作人员的技术水平。

　　2. 花盘

　　花盘表面开设有通槽和 T 形槽,安装和装夹工件时用螺栓和压板,对于一些形状不规则的工件,不能使用三爪自定心卡盘和四爪单动卡盘装夹时,可使用花盘进行装夹,如图 10-17 所示。

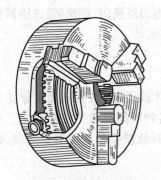

图 10-15　三爪自定心卡盘

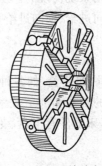

图 10-16　四爪单动卡盘

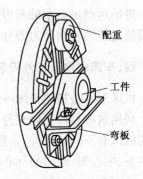

图 10-17　花盘装夹工件

　　3. 顶尖、拨盘和鸡心夹头

　　对于细长的轴类工件一般可以采用两种方法进行装夹:第一种方法是用车床主轴卡盘和

车床尾座后顶尖装夹工件,如图10-18所示;第二种方法是工件的两端均用顶尖装夹定位,利用拨盘和鸡心夹头带动工件旋转,如图10-19所示。第一种方法适合于一次性装夹,多次装夹时很难保证工件的定心精度;第二种方法可用于多次装夹,并且不会影响工件的定心精度。

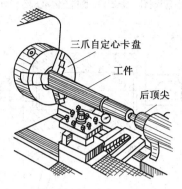

图10-18　使用卡盘和尾座后顶尖装夹工件

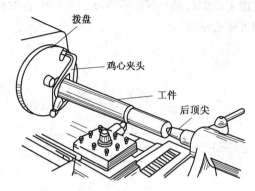

图10-19　使用前顶尖和尾座后顶尖装夹工件

通用顶尖按结构可分为死顶尖和活顶尖;按安装位置可分为前顶尖(安装在主轴锥孔内)和后顶尖(安装在尾座锥孔内)。前顶尖总是死顶尖,后顶尖可以是死顶尖,也可以是活顶尖。

拨盘与鸡心夹头的作用是当工件用两顶尖装夹时带动工件旋转,如图10-19所示。拨盘靠其上的螺纹旋装在车床的主轴上,带动鸡心夹头旋转,鸡心夹头则依靠其上的紧固螺钉柠紧在工件上,并一起带动工件旋转。

4. 中心架与跟刀架

在车削细长轴时,由于工件刚度差,在背向力及工件的自重作用下,工件会发生弯曲变形,产生振动,车削后会造成工件形成两头细中间粗的"腰鼓"形。为了防止发生这种现象,常使用中心架或跟刀架做为辅助支承,以增加工件的刚性。

中心架固定在车床导轨上,由上下两部分组成,如图10-20所示。上半部可以翻转,以便装入工件。中心架内有三个可以调节的径向支爪,支爪一般是铜质的。

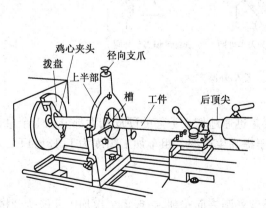

图10-20　使用中心架车削细长轴

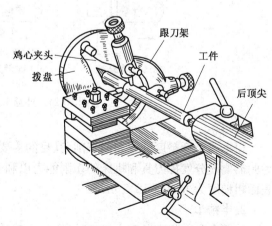

图10-21　使用跟刀架车削细长轴

跟刀架固定在床鞍(大拖板)上,并随床鞍一起移动,如图10-21所示。跟刀架有两个支爪,车刀装在这两个支爪的对面稍微靠前的位置,并依靠背向力及工件的自重作用使工件紧靠在两个支爪上。

5.心轴

当精加工盘套类零件时,常以工件的内孔作为定位基准,工件安装在心轴上,再把心轴装在两顶尖之间进行加工。这样做即可以保证工件的内外圆加工的同轴度,又可以保证工件的被加工端面与轴心线的垂直度。常用的心轴有圆锥体心轴(图 10-22)、圆柱体心轴(图 10-23)和可胀心轴等。

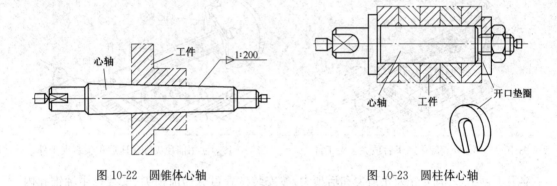

图 10-22　圆锥体心轴　　　　　　　　　图 10-23　圆柱体心轴

五、车削加工

车削加工是利用工件的旋转和刀具相对于工件的移动来加工工件的一种切削加工方法。

(一)车 外 圆

将工件车削成圆柱形外表面的方法称为车外圆,常见的外圆车刀及车外圆方法如图10-24所示。车外圆时,长轴类工件一般用两顶尖装夹,短轴及盘套类工件常用卡盘装夹。根据工件加工精度要求,车削步骤一般分为粗车、半精车、精车和精细车。

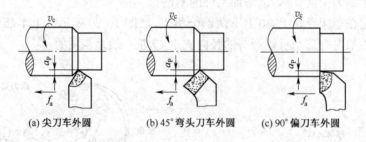

(a) 尖刀车外圆　　　(b) 45°弯头刀车外圆　　　(c) 90°偏刀车外圆

图 10-24　外圆车刀及车外圆方法

1.粗车

粗车属于低精度外圆表面车削,其目的主要是迅速地切去毛坯的硬皮和大部分加工余量。为此需要充分发挥刀具和机床的切削能力以利于提高生产率。粗车加工精度为 IT13～IT11,表面粗糙度为 R_a50～12.5 μm。

2.半精车

半精车是在粗车基础上进行的,属于中等精度外圆表面车削,一般需二次加工才能达到精度要求。半精车的加工精度为 IT10～IT9,表面粗糙度为 R_a6.3～3.2 μm。

3.精车

精车是在半精车基础上进行的,属于较高精度外圆表面车削,其目的是满足工件的加工精度。精车时一般取较高的切削速度和较小的进给量与背吃刀量。精车的加工精度为 IT8～

IT7,表面粗糙度为 R_a1.6～0.8 μm。

4.精细车

精细车是在高精密车床、在高切削速度、小进给量及小背吃刀量的条件下,使用经过仔细刃磨的人造金钢石或细颗粒硬质合金车刀车削的。加工精度为 IT6～IT5,表面粗糙度为 R_a0.4～0.2 μm。

（二）车　端　面

对工件端面进行车削的方法称为车端面。车端面时常用偏刀或弯头车刀,如图 10-25 所示。车削时可由工件外向其中心切削,也可由工件中心向外切削。车刀安装时,刀尖应准确地对准工件中心,以免车出的端面中心留有凸台。

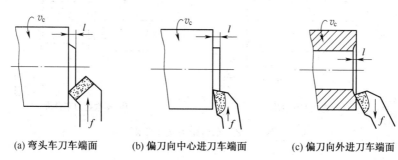

(a) 弯头车刀车端面　　(b) 偏刀向中心进刀车端面　　(c) 偏刀向外进刀车端面

图 10-25　车端面方法示意图

（三）车槽与切断

1.车槽

在工件表面上车削沟槽的方法称为切槽。车槽与车端面相似。车窄槽时,车槽刀刀刃的宽度应与槽宽一致;车宽槽时,可用同车窄槽一样的车槽刀,依此横向进刀,切至接近槽深为止,留下少量的余量在纵向走刀时一次切除,使槽的宽度和深度达到要求,如图 10-26 所示。

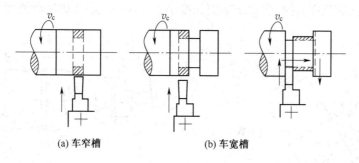

(a) 车窄槽　　　　　　(b) 车宽槽

图 10-26　车槽方法示意图

2.切断

将坯料或工件分成两段或若干段的车削方法成为切断,其主要用于圆棒料按尺寸要求下料或把加工完的工件从坯料上切下来。车断操作要用车断刀,刀尖应与工件轴线平行。车断过程中切削刀具要切入工件内部,排屑及散热条件较差,刀头易断。常用的切断方法是:直进法和左右借刀法两种,如图 10-27 所示。直进法用于切断铸铁等脆性材料,左右借刀法用于切断钢等塑性材料。

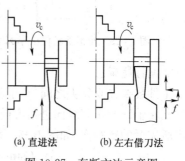

(a) 直进法　　(b) 左右借刀法

图 10-27　车断方法示意图

无论是车槽还是车断,所用的切削速度和进给量都不宜大。

(四)车 台 阶

车削台阶处外圆和端面的方法称为车台阶。车台阶一般使用主偏角 $\kappa_r \geqslant 90°$ 的偏刀,在车削台阶外圆的同时车出台阶端面。如果台阶高度小于 5 mm,可用主偏角 $\kappa_r = 90°$ 的偏刀,一次走刀切出台阶,如图 10-28(a)所示;如果台阶高度大于 5 mm,可用主偏角 $\kappa_r > 90°$ 的偏刀,多次分层纵向进给走刀切削,最后一次纵向进给切削完后,车刀刀尖应紧贴台阶端面横向退出,车出台阶,如图 10-28(b)所示。

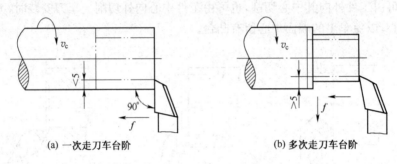

(a) 一次走刀车台阶　　　　　　　　(b) 多次走刀车台阶

图 10-28　车台阶方法示意图

(五)车 圆 锥

将工件车削成圆锥表面的方法称为车圆锥。工件上的圆锥面是通过车刀相对于工件轴线斜向进给实现的。根据这一原理,常用的车圆锥的方法有以下几种:

1. 小滑板转位法

如图 10-29 所示,使刀架小滑板绕转盘轴线转动一圆锥斜角 $\alpha/2$ 后固定,然后用手转动小滑板手柄实现斜向进给。这种方法调整方便,操作简单,但不能自动进给,加工后表面较粗糙。另外,小滑板丝杠的长度有限,多用于车削长度小于 100 mm 的大锥度圆锥面。

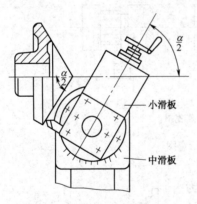

图 10-29　小滑板转位法车圆锥面

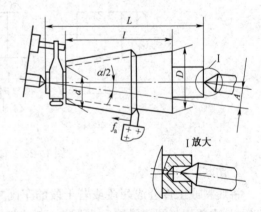

图 10-30　偏移尾架法车圆锥面

2. 偏移尾架法

工件装夹在双顶尖之间,车削圆锥面时,尾架在机床导轨上横向调整,偏移一段距离 A,使工件旋转轴线与车刀纵向进给方向的夹角等于圆锥斜角($\alpha/2$),然后利用车刀纵向进给,即可车出所需要的锥圆面,如图 10-30 所示。偏移量 A 的计算公式为

$$A = L\sin(\alpha/2) \approx L\tan(\alpha/2) = L(D-d)/(2l)$$

当 $\alpha/2<8°$ 时，$\sin(\alpha/2)\approx\tan(\alpha/2)$

式中　L——工件总长度，mm；

　　　D——圆锥大端直径，mm；

　　　l——圆锥面长度，mm；

　　　d——圆锥小端直径，mm。

偏移尾架法能自动进给加工较长的圆锥面，但不能加工圆锥斜角较大的工件。车削时，由于顶尖与工件的中心孔接触不良，工件不稳定，故常用球形顶尖来改善接触状况。

3.靠模法

靠模是车床的专用附件。加工时靠模装在床身上，可以方便地调整圆锥斜角（$\alpha/2$）。安装靠模时要卸下中滑板的丝杠与螺母，使中滑板能横向自由滑动，中滑板的接长杆用滑块铰链与靠模连接。当床鞍纵向进给时，中滑板带动刀架一面作纵向移动，一面作横向移动。从而使车刀运动的方向平行于靠模，从而车削出所要求的圆锥面，如图 10-31 所示。

用靠模法能加工较长的圆锥面，精度较高，并能实现自动进给，但不能加工圆锥斜角较大的表面。

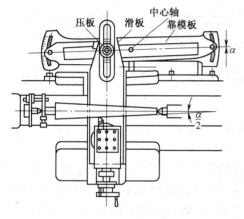

图 10-31　靠模法车圆锥面

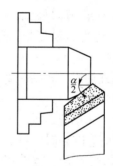

图 10-32　宽刀法车圆锥面

4.宽刀法

使用与工件轴线成 $\alpha/2$ 角度的宽刃车刀加工较短的圆锥面（$L=20\sim25$ mm），如图 10-32 所示。切削时车刀作横向或纵向进给即可车出所需的圆锥面。较长的圆锥面不适于采用此法，因为容易引起振动，使加工表面产生波纹。

（六）车成形回转面

母线为曲线的回转表面称为成形回转面，如曲面手柄、圆球面等。这种表面的成形一般是由车刀的纵向进给与横向进给相互配合实现的，切削加工方法有双手控制法和成形刀法。

1.双手控制法

双手控制法是用双手分别操作小滑板和中滑板手柄，通过车刀的纵向和横向进给合成运动得到所需成形表面的加工切削方法，如图 10-33

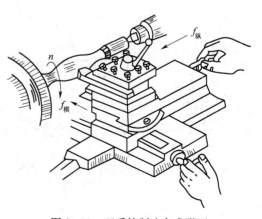

图 10-33　双手控制法车成形面

所示。这种方法简单易行,但生产率低,对操作者的技术要求较高。

2. 成形刀法

利用切削刀刃形状与工件成形面的母线形状相同的车刀进行切削加工的方法称为成形刀法。此方法与用宽刀法车削圆锥面相似,切削时车刀作横向进给就能加工出成形表面,这种切削加工方法操作简单,生产率高。但切削刀刃与工件的接触面大,容易引起工件振动。常用于成批生产,切削形状比较简单、轴向尺寸较短的成形表面。

3. 靠模法

靠模法与用靠模车圆锥面的方法相同。不同的是把锥度靠模换上具有所需曲面槽的靠模,槽中曲面形状与被加工的成形表面形状相同,同时把滑块换成滚柱即可。用靠模法车成形面操作方便,生产率高,曲面形状准确,质量稳定,但加工的成形面的曲率不能变化过大。

(七)车　　孔

车孔是利用车床对工件上的孔进行车削的加工方法,也称为车内圆。车孔时,车孔刀安装在小刀架上作纵向进给运动,如图 10-34 所示。车孔与车外圆的方法基本相同,所不同的是逆时针转动手柄为横向吃刀,顺时针转动手柄为横向退刀,正好与车外圆时相反。车孔刀刀杆细,刀头小,刚性差,切削时易变形,所以,背吃刀量及进给量不易过大。

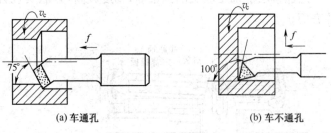

(a) 车通孔　　　　(b) 车不通孔

图 10-34　车孔示意图

在车床上切削孔的质量较钻床高,能够保证孔的轴线与端面垂直度要求。

(八)车　螺　纹

将工件表面车削成螺纹的方法称为车螺纹。车螺纹时,为了获得准确的螺距,必须用丝杠带动车刀进给,使工件每转一周,车刀移动的距离等于工件的螺纹导程。车床主轴至丝杠的传动路线如图 10-35 所示。更换交换齿轮或改变进给手柄位置,可车削出不同螺距的螺纹。

为了保证螺纹形状准确,螺纹车刀的形状必须与待加工螺纹的标准截面形状一致,安装车刀时要严格对准工件的中心位置并垂直于工件的轴线,如图 10-36 所示。

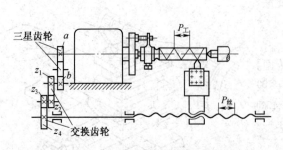

图 10-35　车螺纹时传动系统示意图

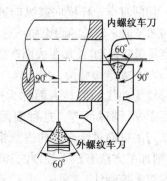

图 10-36　螺纹车刀对刀与检验示意图

第六节　钻床及钻削加工、镗床及镗削加工

钻床和镗床均为孔加工机床。钻床通常用来加工直径在 100 mm 以内的孔,而镗床则不仅可以加工小孔,还可以加工直径较大的孔。

一、钻　床

在钻床上主要进行钻削加工,即用钻头,扩孔钻或铰刀等在工件上进行孔加工。钻床的种类很多,常用的有台式钻床(图 10-37)、立式钻床(图 10-38)和摇臂钻床(图 10-39)等。

1. 钻床的功能和运动

钻床的主要功能是用钻头钻孔或攻螺纹。通过钻头的回转运动(主运动)及其轴向进给完成成形运动。钻削时,一般是钻头轴向进给,工件固定不动。钻孔为孔的粗加工,为了获得精度较高的孔,钻孔后还可进一步进行扩孔、铰孔及磨孔等加工。

2. 钻床的组成

立式钻床主要由主轴、主轴变速箱、进给箱、立柱、工作台和机座等组成。电动机的运动通过主轴变速箱使主轴获得所需的转速。钻削时工件固定在工作台上不动,由主轴带动钻头一边旋转,一边向下进给进行钻削。立式

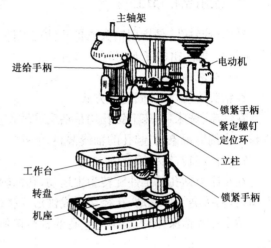

图 10-37　台式钻床

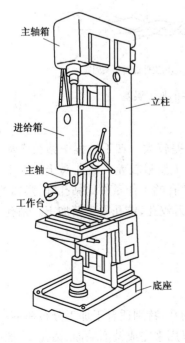

图 10-38　立式钻床图

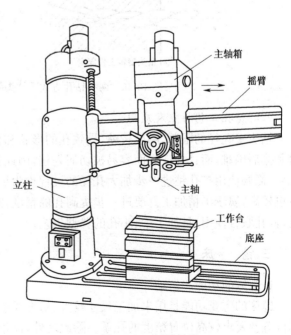

图 10-39　摇臂钻床

钻床适合于钻削孔径在 50 mm 以下的中型工件的孔。台式钻床与立式钻床结构相似,适合于钻削孔径在 12 mm 以下的小型工件上的孔。

摇臂钻床有一个能绕立柱旋转的摇臂,其上装有主轴箱,主轴箱可沿摇臂作水平运动。钻孔时,工件装夹在工作台上,因此,摇臂钻可很方便地调整钻头位置,而不需移动工件进行加工。摇臂钻床适合于钻削大型或重型工件和多孔工件上的孔。

孔是盘套类、箱体类零件的主要组成表面,其主要技术要求与外圆面基本相同。但是,孔的加工难度较大,要达到与外圆面同样的技术要求需要更多的加工工序。在实体材料上进行孔加工的基本方法是钻削、镗削和车孔。

二、钻削(钻孔)加工

钻削(或钻孔)是指用钻头或扩孔钻在工件上加工孔的方法。钻孔加工的尺寸精度一般为 IT10 以下,表面粗糙度 R_a12.5 μm 左右。

(一)钻孔的方式

1.钻头旋转,工件固定的方式

在钻床、铣床、镗床上钻孔均是钻头旋转作主运动。当钻头刚性不足时,钻头进给时其轴线易产生偏离现象,引起孔的轴线偏斜,但孔径无明显变化,如图 10-40(a)所示。

2.工件旋转,钻头固定的方式

在车床上钻孔时工件旋转为主运动,孔的轴线不偏斜并与端面垂直,由于钻头切削刃受力不均匀,钻头会发生摆动,孔径会形成锥形或腰鼓形,如图 10-40(b)所示。

钻小孔或钻深孔时,为了防止孔的轴线偏斜,应尽可能采用工件旋转,钻头固定的钻孔方式。

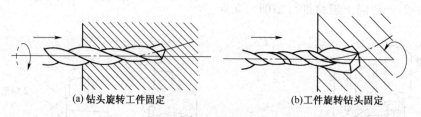

(a)钻头旋转工件固定　　　　　　　　　(b)工件旋转钻头固定

图 10-40　两种钻孔方式下钻头引偏产生的加工误差

(二)钻孔工艺特点及应用

钻头受孔径的限制,刚度较差,导致孔的形状和位置误差较大。加工过程中钻头冷却、润滑和排屑困难,而且加工表面容易被切屑划伤,因此钻孔加工质量较差。钻孔属于粗加工,钻孔后,需要使用扩孔钻进一步加大孔径的过程称为扩孔。扩孔的工作条件比钻孔好,其加工质量也较高,属于半精加工。要进一步提高孔的精度,需用铰刀铰孔,铰孔属于精加工。钻孔、扩孔、铰孔联合使用,是加工中、小孔的典型工艺。

三、镗　　床

1.镗床的功能和运动

镗床的主要功能是用来加工尺寸较大、精度要求较高的孔,特别适合于加工分布在零件不同位置及要求较高位置精度的孔系。除此之外,镗床还可以用来完成铣削端面、钻孔、攻螺纹、车削外圆和车削端面等多种加工。镗床的主要类型有:卧式镗床、坐标镗床、精镗床等。镗削加工时镗刀回转为主运动,工件或镗刀移动为进给运动。

2.镗床的组成

图 10-41 为卧式镗床各部位的位置关系和运动情况简图。卧式镗床主要由床身、前立柱、主轴箱、主轴、后立柱、尾架及工作台等组成。主运动由主轴回转完成,靠主轴变速箱进行速度调整与换向,主轴前端带锥孔,以便插入装有镗刀的镗杆。进给运动可以由主轴完成,也可由工作台带动工件移动来完成。由于工作台可绕上滑板的圆导轨在水平位置上转动,因此,工作台上的工件可旋转任意角度,下滑板又可沿床身的纵向导轨移动,所以,在镗床上镗削任意方向垂直面上的孔很方便。主轴箱和尾架可分别沿前、后立柱自动升降,以加工不同高度的孔。

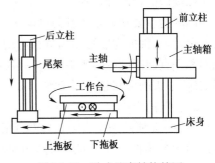

图 10-41　卧式镗床结构简图

四、镗削加工

镗削是镗刀回转作主运动,工件或镗刀移动做进给运动的切削加工方法。镗削加工主要在镗床上进行。镗孔过程中镗刀旋转作主运动,工件或镗刀作进给运动。形状复杂的机架、箱体类零件上的孔或大尺寸孔都能在镗床上加工。镗孔的加工精度为 IT9~IT8,表面粗糙度 R_a 值为 3.2~1.6 μm,镗孔能较好地修正前道加工工序所造成的几何形状误差和相互位置误差。

镗削的主要工艺范围有:镗孔、镗同轴孔、镗大孔、镗平行孔、镗垂直孔、钻孔和铣平面等,如图 10-42 所示。镗削加工具有加工精度较高、成本低、加工范围广、能够修正底孔轴线位置的优点。

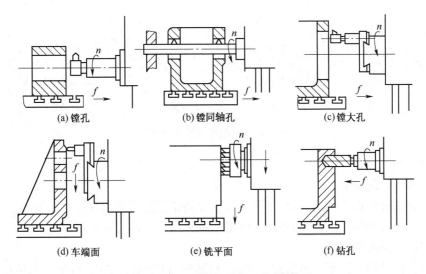

(a) 镗孔　　(b) 镗同轴孔　　(c) 镗大孔

(d) 车端面　　(e) 铣平面　　(f) 钻孔

图 10-42　镗削的主要工艺范围

第七节　刨床及刨削加工、插床及插削加工

刨床与插床属同一类机床,即刨插床类。它们的共同特点是主运动为直线往复运动,进给运动为间歇运动,即在主运动的空行程时间内作一次送进。刨床与插床都是平面加工机床,其

中刨床主要用于加工外表面,而插床主要用于加工内表面。

一、刨　床

1. 刨床的功能和运动

刨床的主要功能是用刨刀刨削平面和沟槽,也可以加工成形表面。刨刀的直线往复运动为主运动,工件的间歇移动为进给运动。根据刀具与工件相对运动方向的不同,刨削分为水平刨削和垂直刨削两种。水平刨削一般称为刨削,垂直刨削则称为插削。刨床类机床主要有龙门刨床、牛头刨床和悬臂刨床等。

2. 刨床的组成

图 10-43 所示为牛头刨床各部件的位置关系与运动情况简图。牛头刨床主要由床身、滑枕、刀架、横梁、工作台等组成。滑枕带动刀架作直线往复主运动,工作台带动工件作间歇进给运动,横梁可沿床身上的垂直导轨移动,以调整切削刀具与工件在垂直方向上的相互位置,床身安装在底座上。

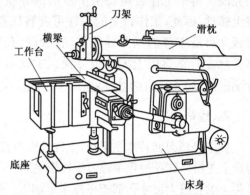

图 10-43　B6065 型牛头刨床简图

二、刨削加工

刨削是指用刨刀对工件作水平直线往复运动的切削加工方法。刨削的主要工艺范围是刨削平面(如水平面、垂直面、斜面等)、沟槽(如直槽、T 形槽、V 形槽、燕尾槽等)和成形面,如图 10-44 所示。

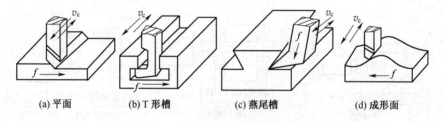

(a) 平面　　(b) T 形槽　　(c) 燕尾槽　　(d) 成形面

图 10-44　刨削的主要工艺范围

(一)刨削加工方法

1. 刀具与工件的安装

工件的装夹应根据工件的大小,形状及加工面的位置进行正确选择。对于小型工件,一般选用机床用平口虎钳装夹;对于大中型工件可用螺钉压板直接安装在工作台上。

2. 垂直面及斜面的刨削

刨削垂直面是用刨刀垂直进给加工平面,如图 10-45 所示。刨削时,把刀架转盘对准零刻度线;调整刀座使刨刀相对于加工表面偏转一角度,让刨刀上端离开加工表面,减小刨刀切削刃对加工面的摩擦,手摇刀架上的手柄作垂直间歇进给,即可加工垂直表面。

刨削斜面与刨削垂直面相似,只需把刀架转盘转过一个要求的角度即可。例如,加工工件上 60°的斜面时,可以使刀架转盘对准 30°刻度线(图 10-46)。然后手摇刀架上的手柄,即可加工该斜面。

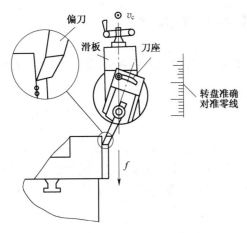

图 10-45　刨削垂直面示意图

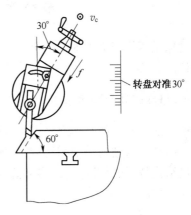

图 10-46　刨削斜面示意图

（二）刨削工艺特点

刨削加工可以获得公差等级为 IT9～IT7、表面粗糙度为 $R_a6.3～1.6\ \mu m$ 的加工精度,加工成本低。但刨削加工生产率低,适应范围窄,多用于单件小批量生产和修配。

三、插床

1.插床的功能和运动

插床主要功能是用来插键槽和花键槽等表面。插床是由牛头刨床演变而来的,插床实际上是立式牛头刨床,它与牛头刨床的主要区别在于滑枕是直立的,插刀沿垂直方向作直线往复主运动,向下移动为工作行程,向上移动为空行程;工件可以沿纵向、横向、圆周三个方向作间歇进给运动。

2.插床的组成

图 10-47 为插床外观简图。插床主要由床身、滑枕、刀架、圆工作台、上滑座、下滑座、分度装置、底座等组成。滑枕可以在小范围内调整角度,以便加工倾斜面及沟槽;工作台由下滑座、上滑座及圆工作台组成;下滑座及上滑座可带动圆工作台分别作横向进给及纵向进给;圆工作台可回转完成圆周进给和进行圆周分度。

四、插削工艺特点

插刀的刚性较低,插削时有冲击,因而插削加工质量较刨削低,其生产率也低于刨削。插削主要用于单件小批量生产零件的内表面,如孔的内键槽、方孔、多边形孔和花键孔等。

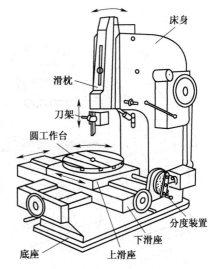

图 10-47　插床外观简图

第八节　铣床及铣削加工

铣床是用铣刀进行加工的机床。铣床的种类很多,其中以卧式铣床、龙门铣床及双柱铣床应用最广。

一、铣床的功能和运动

铣床的主要功能是铣削平面和沟槽。铣削加工时,主运动是铣刀的旋转运动,进给运动是工件的移动。与刨削加工相比,铣削加工是以回转运动代替了刨削加工中的直线往复运动;以连续进给代替了间歇进给;以多齿铣刀代替了单齿刨刀;铣削加工生产率较高,其应用范围比刨削加工广泛。

二、铣床的组成

图 10-48 所示为 X6132 型万能升降台卧式铣床。它的主轴是水平的,与工作台平行。床身用来固定和支承铣床上其它的部件和结构;悬梁可沿床身的水平导轨移动,以调整其伸出长度;升降台可沿床身的垂直导轨上下移动,以调整工作台与铣刀之间的距离;工作台用来安装工件、夹具、分度头等;工作台位于回转台上,可沿回转台上的导轨作纵向进给;床鞍位于升降台上面的水平导轨中,可带动工作台一起作横向进给;主轴为空心轴,用来安装铣刀刀杆并带动铣刀回转。工作台的纵向进给、横向进给及其升降,可以自动完成也可以手动完成。

图 10-49 所示为立式升降台铣床。立式升降台铣床与卧式升降台铣床的主要区别在于它的主轴是直立的并与工作台面相垂直。

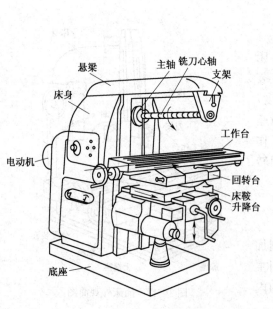

图 10-48　X6132 型万能升降台卧式铣床外观图

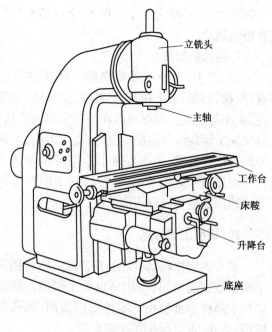

图 10-49　立式升降台铣床外观图

三、铣削加工

铣削是指由铣刀旋转作主运动,工件或铣刀作进给运动的切削加工方法。铣削的主要工艺范围是使用铣刀铣削平面、沟槽及成形面等。

（一）铣削加工方法

1.铣水平面

铣水平面使用圆柱铣刀在卧式铣床上铣削。铣削时铣刀刀齿逐渐切入,切削力变化小,切削过程平稳,加工质量较高,如图 10-50 所示。

2.铣垂直面

加工小垂直平面可用圆柱铣刀在立式铣床上铣削〔图 10-51(a)〕,也可用三面刃圆盘铣刀在卧式铣床铣削〔图 10-51(b)〕。

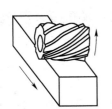

图 10-50　在卧式铣床上用圆柱
铣刀铣削水平面

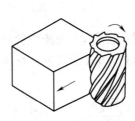

(a) 用圆柱铣刀铣削垂直面

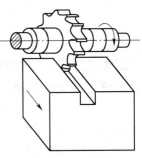

(b) 用三面刃圆盘铣刀铣削垂直面

图 10-51　铣削垂直面

3.铣斜面

常用铣斜面的方法有三种：

(1)将工件斜压在工作台上,构成所需要的角度后铣斜面,如图 10-52(a)所示。

(2)旋转立铣头,把铣刀转一个所需要的角度后铣斜面,如图 10-52(b)所示。

(3)用角度铣刀铣斜面,如图 10-52(c)所示。

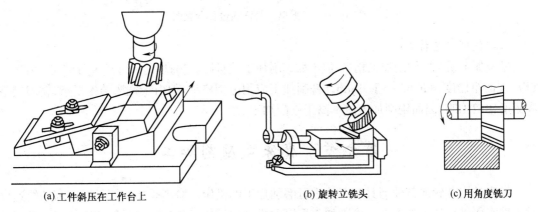

(a) 工件斜压在工作台上　　　　　(b) 旋转立铣头　　　　　(c) 用角度铣刀

图 10-52　铣斜面示意图

4.铣沟槽

沟槽是水平面、垂直面或斜面的组合。沟槽的形状很多,加工沟槽的铣刀也很多。加工沟槽实际上是正确选用铣刀,合理装夹工件的过程。下面简述铣键槽与铣 T 形槽的加工方法。

(1)铣键槽。轴类零件的键槽如图 10-53(a)所示,常用 V 形铁及螺钉压板装夹在铣床工作台上〔图 10-53(b)〕,用键槽铣刀在立式铣床上铣削〔图 10-53(c)〕。

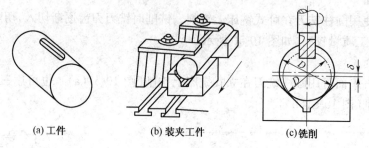

(a)工件　　　　　　(b)装夹工件　　　　　(c)铣削

图 10-53　铣键槽示意图

(2)铣 T 形槽。为了安放和装夹工件,一般用螺栓将工件紧固在铣床工作台上,铣床的工作台上开有 T 形槽。铣削 T 形槽的步骤如图 10-54 所示。

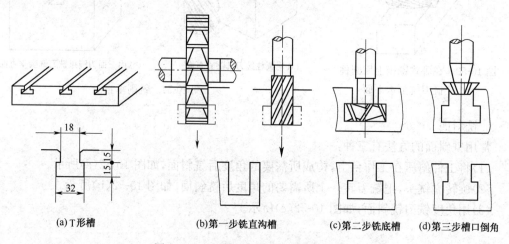

(a)T 形槽　　　(b)第一步铣直沟槽　　　(c)第二步铣底槽　　　(d)第三步槽口倒角

图 10-54　T 形槽及其铣削过程示意图

(二)铣削工艺特点

铣削加工质量同刨削加工相当,但不如车削加工质量高。精铣后,尺寸公差等级可达 IT9～IT7,表面粗糙度为 R_a6.3～1.6 μm。铣削加工应用范围广泛,但由于铣床结构复杂,铣刀制造和刃磨比较困难,因而铣削加工成本高于刨削加工。

第九节　磨床及磨削加工

磨床是用砂轮或其他磨具对工件进行磨削加工的机床。磨削是指用磨具以较高的线速度对工件表面进行加工的方法。磨削加工可以看成是用砂轮代替切削刀具的切削加工。磨削是机械零件精密加工的主要方法之一,可以加工其他机床不能加工或很难加工的高硬度材料。磨削加工可以获得高精度和低粗糙度值的表面,一般情况下,它是机械加工的最后一道工序。

磨床的种类很多,目前生产中应用最多的是:外圆磨床、内圆磨床、平面磨床、无心磨床、工具磨床及专门化磨床等。

一、磨床的功能和运动

磨床的主要功能是用来磨削各种内外圆柱面、平面、成形表面等。它是以砂轮回转主运动和各项进给运动作为成形运动的。图 10-55 所示为外圆磨削时的运动情况,主运动为砂轮的高速旋转运动;进给运动有三种,分别是工件的圆周进给运动、工件的纵向进给运动和砂轮的横向进给运动。

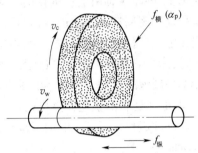

图 10-55　外圆磨削时的运动分析

二、磨床的类型和组成

1. 外圆磨床

在外圆磨床中以普通外圆磨床和万能外圆磨床应用最广。普通外圆磨床主要用于磨削外圆柱面、外圆锥面及台阶端面等。它由砂轮架、头架、尾架、工作台及床身等组成,如图 10-56 所示。砂轮装在砂轮架主轴的前端,由单独的电动机驱动作高速旋转主运动。工件装夹在头架及尾架顶尖之间,由头架主轴带动作圆周进给运动。头架与尾架均装在工作台上,工作台由液压传动系统带动,沿床身导轨作往复直线进给运动。砂轮架可以通过液压系统或横向进给手轮使砂轮架得到机动或手动横向进给。为了磨削外圆锥面,工作台由上下两部分组成,上层工作台可在水平面内摆动±8°。

2. 内圆磨床

内圆磨床用于磨削各种圆柱孔和圆锥孔,如图 10-57 所示。内圆磨床由头架、砂轮架、工作台和内磨头、床身等主要部件组成。头架固定在床身上,工件装夹在头架主轴前端的卡盘中,由头架主轴带动,作圆周进给运动。砂轮安装在砂轮架内的内磨头主轴上,由单独电动机驱动作高速旋转主运动。砂轮架安装在工作台上,工作台由液压传动系统带动作往复直线运动一次,砂轮架横向进给一次。为了便于磨削圆锥孔,头架还可以绕垂直轴线转动一定角度。

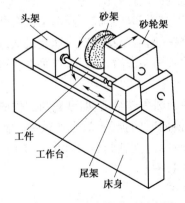

图 10-56　外圆磨床外观示意图

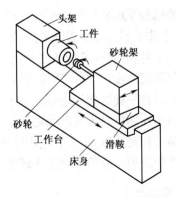

图 10-57　内圆磨床外观示意图

3. 平面磨床

平面磨床适用于平面磨削加工。平面磨床按工作台的形状分为矩台和圆台两类;按砂轮架主轴布置形式分为卧轴与立轴两类;按砂轮磨削方式不同有周磨和端磨两种平面磨床。平面磨床主要用于磨削各种零件的平面,特别适合于对淬硬零件的平面作精加工。常用的平面磨床有卧轴矩台平面磨床及立轴圆台平面磨床。

(1)卧轴矩台平面磨床。图 10-58 所示为卧轴矩台平面磨床。卧轴矩台平面磨床的砂轮轴呈水平位置,磨削时是砂轮的周边与工件的表面接触,磨床的工作台为矩形。

卧轴矩台平面磨床由砂轮架、立柱、工作台及床身等主要部件组成。砂轮安装在砂轮架的主轴上,砂轮主轴由电动机直接驱动。主轴高速旋转为主运动;砂轮架沿工作台上的燕尾形导轨移动实现周期性横向进给;砂轮架沿立柱导轨移动实现周期性的垂直进给;工件一般直接放置在电磁工作台上,依靠电磁铁的吸力把工件吸紧,电磁吸盘随机床工作台一起安装在床身上,沿床身导轨作纵向往复进给运动。磨床的纵向往复运动和砂轮架的横向周期进给运动,一般都采用液压传动。砂轮架的垂直进给运动通常用手动。为了减轻工人劳动强度和节省辅助时间,磨床还备有快速升降机构。

卧轴矩台平面磨床的加工范围较广,除了磨削水平面外,还可以用砂轮的端面磨削沟槽、台阶面等。磨削加工尺寸精度较高,表面粗糙度值较小。

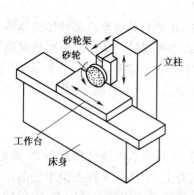

图 10-58 卧轴矩台平面磨床示意图

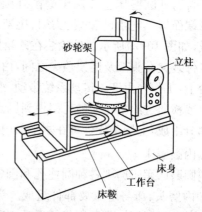

图 10-59 立轴圆台平面磨床外观图

(2)立轴圆台平面磨床。图 10-59 所示为立轴圆台平面磨床。立轴圆台平面磨床的砂轮轴呈垂直位置,磨床的工作台为圆形。磨削时用砂轮的端面进行磨削。

立轴圆台平面磨床由砂轮架、立柱、工作台及床鞍等主要部件组成。圆形工作台装在床鞍上,它除了作旋转运动实现圆周进给外,还可以随同床鞍一起沿床身导轨快速趋进或退离砂轮以便装卸工件;砂轮架可沿立柱导轨移动实现砂轮的垂直周期进给,它还可作垂直快速调整以适应磨削不同高度的工件;砂轮高速旋转为主运动。

立轴圆台平面磨床采用端面磨削,圆工作台的旋转为圆周进给运动,砂轮与工件的接触面积大。由于连续磨削没有卧轴矩台平面磨床工作台的换向时间损失,故生产效率较高。但尺寸加工精度相对较低,工件表面粗糙度较差,工艺范围较窄。立轴圆台平面磨床常用于成批、大量生产中磨削一般精度的工件或粗磨铸件毛坯、锻件毛坯等。

三、磨削加工

(一)外圆柱面的磨削

外圆柱面的磨削常在普通外圆磨床和万能外圆磨床上进行,磨削方法有以下三种:纵磨法、横磨法和分段综合磨削法。

1.纵磨法

磨削时,砂轮作高速旋转主运动,工件旋转并和工作台一起作纵向往复运动,完成圆周进给运动和纵向进给运动,工作台每往复一次行程终了时,砂轮作周期性的横向进给运动,每次磨削深度较小,通过多次往复行程将磨削余量逐步磨去,如图 10-60 所示。

纵磨法的磨削深度小、磨削力小、温度低、加工精度高。但切削加工时间长,生产率低。适合于单件小批生产和磨削加工细长轴类工件。

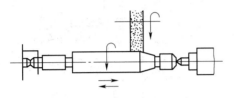
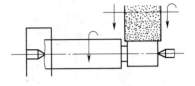

图 10-60　纵磨法磨外圆示意图　　　　图 10-61　横磨法磨外圆示意图

2.横磨法

横磨法又称切入法,当工件被磨削长度小于砂轮宽度时,砂轮以很慢的速度连续地作横向进给运动,直到磨去全部磨削余量,如图 10-61 所示。

横磨法充分发挥了砂轮所有磨粒的切削作用,生产效率高,但磨削时径向力较大,容易使工件产生弯曲变形。由于横磨过程中无纵向进给运动,砂轮表面的修整精度和磨削情况将直接"复印"在工件表面上,影响工件加工表面质量,加工精度相对较低。横磨法主要用于磨削工件刚性较好、长度较短的外圆表面以及有台阶的轴颈。

3.分段综合磨削法

分段综合磨削法实际上是纵磨法与横磨法的综合应用。首先用横磨法将工件分段进行粗磨,相邻两段间有 5～15 mm 的搭接,留 0.003～0.04 mm 的磨削余量,然后再用纵磨法精磨至所需尺寸及精度。分段综合磨削法既有横磨法高生产率,又有纵磨法的高加工精度及低的表面粗糙度值优点。分段综合磨削法适合于磨削余量较大和刚性较好的工件。

(二)外圆锥面的磨削

根据工件的形状和锥度大小,外圆锥面一般采用以下三种磨削方法:转动工作台磨外圆锥面、转动头架磨外圆锥面、转动砂轮架磨削外圆锥面。

1.转动工作台磨外圆锥面

将工作台转过一个圆锥斜角 $\alpha/2$,磨削时,砂轮从小端横向切入,采用纵磨法即可实现外圆锥面磨削。这种方法适于磨削锥度较小而长度较大的圆锥体工件,如图 10-62 所示。

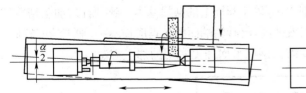
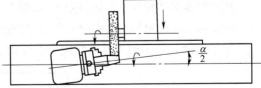

图 10-62　转动工作台磨外圆锥面示意　　　图 10-63　转动头架磨外圆锥面示意图

2.转动头架磨外圆锥面

当磨削较短外圆锥面时,将工件装在头架卡盘上,转动头架使圆锥面的母线平行于砂轮的轴线,采用纵磨法磨削。此方法适合于磨削锥度大和长度较小的圆锥面工件,如图 10-63 所示。

3.转动砂轮架磨削外圆锥面

当磨削锥度较大、圆锥面较短而且工件又较长时,转动砂轮架使砂轮轴线平行于工件圆锥面的母线。实际上这种方法是把磨外圆锥面转化成磨外圆。这种磨削方法没有纵向运动,要求砂轮的宽度大于工件圆锥面的宽度并用横磨法进行磨削,如图 10-64 所示。

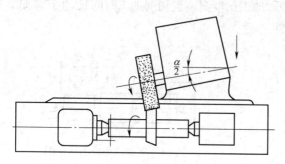

图 10-64　转动砂轮架磨外圆锥面示意图

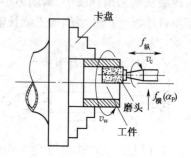

图 10-65　卡盘装夹磨内圆面示意

(三)内圆面磨削

磨削内圆面通常在内圆磨床或万能外圆磨床上进行,一般以工件的外圆面和端面作为定位基准,通常用三爪自定心卡盘或四爪单动卡盘装夹工件,如图 10-65 所示。

(四)平面磨削加工

平面磨削在平面磨床上进行,它是铣削和刨削加工后的精加工工序。磨削平面的方式有两种,用砂轮的周边进行磨削的方法称为周边磨削;用砂轮的端面进行磨削的方法称为端面磨削,如图 10-66 所示。

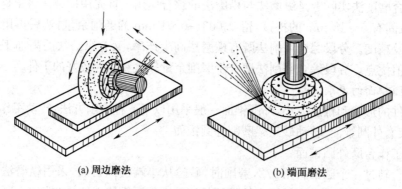

(a) 周边磨法　　　　　　　　　(b) 端面磨法

图 10-66　平面磨削

周边磨削时砂轮与工件接触面小,切削力小,砂轮圆周上的磨损基本一致,所以,加工精度较高。端面磨削时砂轮与工件接触面大,磨削效率高,但砂轮端面的各点磨损不一,加工精度较低。平面磨削是中小型工件高精度平面及淬火钢件平面加工常用的加工方法。

思　考　题

一、名词解释

1.切削运动;2.进给量;3.积屑瘤;4.总切削力;5.切削刀具的耐用度;6.车削加工。

二、填 空 题

1. 切削运动包括_____和_____两个基本运动。

2. 切削用量三要素是指_____、_____和_____。

3. 目前用于生产上的切削刀具材料的种类有_____、_____、_____、_____、_____、_____和_____等。

4. 外圆车刀的切削部分由_____面、_____面、_____面，_____刃、_____刃和_____尖组成。

5. 一把普通外圆车刀的主要角度有_____、_____、_____、_____、_____等。

6. 常见的切屑类型有_____、_____、_____三种。

7. 切削过程中的物理现象包括_____、_____、_____和_____。

8. 车床主要用于加工_____表面。

9. _____和_____均为孔加工机床。

10. 常用的钻床有_____、_____和_____。

11. 镗削加工时主运动为_____，进给运动为_____。

12. 刨床和插床都是_____加工机床，但刨床主要用来加工_____，而插床主要用来加工_____。

13. 外圆磨削时主运动为_____，进给运动分别为_____、_____、_____。

14. 常用的平面磨床有_____和_____。

15. 对于高硬度材料来讲，_____几乎是唯一的切削加工方法。

16. 外圆表面车削分为_____车、_____车、_____车和_____车。

17. 车成形回转面的加工方法有：_____法、_____法和_____法。

三、选 择 题

1. 切削刀具的前角是在_____内测量的前面与基面的夹角。
   A. 正交平面　　　　　B. 切削平面　　　　　C. 基面

2. 切削塑性材料时易形成_____，切削脆性材料时易形成_____。
   A. 崩碎切屑　　　　　B. 带状切屑　　　　　C. 节状切屑

3. 在总切削力的三个分力中，_____是最大的，故又称主切削力。
   A. 进给力 F_f　　　　B. 切削力 F_c　　　　C. 背向力 F_p

4. 为了提高孔的表面质量和精度，一般选择_____。
   A. 铰孔　　　　B. 车孔　　　　C. 磨孔　　　　D. 铣孔

四、判 断 题

1. 主运动可为旋转运动，也可为直线运动。（　　）

2. 在切削过程中，切削刀具前角越小，切削越轻快。（　　）

3. 在切削过程中，进给运动的速度一般远小于主运动速度。（　　）

4. 与高速钢相比，硬质合金突出的优点是硬度高、耐磨性好、热硬性高。（　　）

5. 减小切削刀具后角可减少切削刀具后面与已加工表面的摩擦。（　　）

6. 减小总切削力并不能减少切削热。(　　)

五、简 答 题

1. 切削刀具材料应具备哪些基本性能?

2. 简述积屑瘤的产生过程及对加工的影响。

3. 简述影响总切削力的因素和减小总切削力的措施。

4. 解释 C6132、Z5135、Z3040、B6065、X6132W、X5040 机床型号的含义。

5. 卧式车床主要由哪几部分组成? 各有何功用?

6. 分析牛头刨床和插床在结构和工艺范围方面的主要区别。

7. 铣床的主运动是什么? 进给运动是什么?

8. 为什么铣削加工比刨削加工生产率高?

9. 磨床有哪些功能和运动?

10. 粗车、精车的目的是什么?

11. 车外圆锥面的方法有哪些?

12. 外圆柱面的磨削方法有哪些? 各适用于哪些零件?

13. 外圆锥面的磨削方法有哪些? 各适用于哪些零件?

14. 钻削加工后,如何进一步提高孔的加工精度?

15. 磨削平面的方式有哪些? 各有何特点?

六、课外观察活动

1. 实习期间仔细观察不同的切削刀具,分析其共同点和不同点。

2. 实习期间仔细观察各种车床的工作原理、结构及用途,分析它们之间的共同点与不同点。

3. 针对实习中遇到的工件,从其加工技术要求出发,分析工件表面的加工要求和方法。

参 考 文 献

[1] 梁耀能. 工程材料及加工工程[M]. 北京:机械工业出版社,2005.

[2] 罗会昌. 金属工艺学[M]. 北京:高等教育出版社,2000.

[3] 丁德全. 金属工艺学[M]. 北京:机械工业出版社,2000.

[4] 王俊山. 金工实习[M]. 北京:高等教育出版社,2000.

[5] 郁兆昌. 金属工艺学[M]. 北京:高等教育出版社,2006.

[6] 梁耀能. 工程材料及加工工程[M]. 北京:机械工业出版社,2005.

[7] 丁树模,刘跃南. 机械工程学[M]. 北京:机械工业出版社,2005.

[8] 孙学强. 机械制造基础[M]. 北京:机械工业出版社,2004.

[9] 孙学强. 机械工程学[M]. 北京:机构工业出版社,2004.

[10] 姜敏凤. 金属材料及热处理知识[M]. 北京:机械工业出版社,2005.